马铃薯栽培
和病虫草害绿色防控

赵猛 王芳 杨飞 丰雪 孙晓筱 主编

中国农业科学技术出版社

图书在版编目（CIP）数据

马铃薯栽培和病虫草害绿色防控／赵猛等主编. 北京：中国农业科学技术出版社，2025.6. --ISBN 978-7-5116-7466-1

Ⅰ.S532；S435.32；S451.22

中国国家版本馆 CIP 数据核字第 2025Q9C992 号

责任编辑　王惟萍
责任校对　王　彦
责任印制　姜义伟　王思文

出版者	中国农业科学技术出版社
	北京市中关村南大街 12 号　邮编：100081
电　话	（010）82106643（编辑室）　（010）82106624（发行部）
	（010）82109709（读者服务部）
网　址	https://castp.caas.cn
经销者	各地新华书店
印刷者	北京科信印刷有限公司
开　本	148 mm×210 mm　1/32
印　张	4.25
字　数	115 千字
版　次	2025 年 6 月第 1 版　2025 年 6 月第 1 次印刷
定　价	36.00 元

◀ 版权所有·翻印必究 ▶

《马铃薯栽培和病虫草害绿色防控》
编 委 会

主 编：赵　猛（滕州市农业技术推广中心）
　　　　王　芳（滕州市农业技术推广中心）
　　　　杨　飞（舟山市农业科学研究院）
　　　　丰　雪（滕州市现代农业发展中心）
　　　　孙晓筱（枣庄市农业科学研究院）

副主编（按姓氏笔画排序）：
　　　　王　杰（寿光市蔬菜产业发展中心）
　　　　王　莉（滕州市现代农业发展中心）
　　　　吕恒欣（滕州市农业综合行政执法大队）
　　　　刘长伟（滕州市农村经济事务中心）
　　　　张慎凤（滕州市农业技术推广中心）
　　　　陈滕太（滕州市农村经济事务中心）
　　　　周　欢（滕州市现代农业发展中心）
　　　　赵璐璐（滕州市现代农业发展中心）
　　　　种冬冬（枣庄市科技信息研究所）
　　　　姚金晓（舟山市农业科学研究院）

高晓燕（滕州市农业技术推广中心）

曹　华（滕州市人民政府东沙河街道办事处）

渠　军（滕州市农业综合行政执法大队）

满　静（滕州市种子公司）

褚洪胜（滕州市农业综合行政执法大队）

编　委：孔　成（滕州市希望种植专业合作社）

李孝民（滕州市后李店村种植专业合作社）

李　彬（滕州市后李店村种植专业合作社）

王振华（滕州市农业技术推广中心）

程淑云（滕州市农村经济事务中心）

陈作义（淄博禾丰种业科技股份有限公司）

贺文韬（舟山市农业科学研究院）

洪德成（舟山市农业科学研究院）

顾倩璐（舟山市农业科学研究院）

杨建国（滕州市农村经济事务中心）

孔祥宜（滕州市农业技术推广中心）

李国强（滕州市农业技术推广中心）

前言
PREFACE

目前,马铃薯是世界上仅次于小麦、水稻和玉米的第四大粮食作物,在中国是仅次于水稻、玉米、小麦与大豆的第五大粮食作物,马铃薯生育期短、适应性强、产量高、用途广、产业链长、加工增值潜力大、经济效益高,粮食、蔬菜、饲料和工业原料兼用,被誉为21世纪十大热门营养健康食品之一和最有发展前景的经济作物之一。

本书主要介绍了马铃薯的起源、传播、重要价值、生产现状和我国马铃薯产业发展前景,还详细介绍了马铃薯的生物学特性、脱毒种薯、栽培技术、机械化生产及病虫草害绿色防控。

本书的撰写工作得到了山东省、浙江省各级农业部门的支持,特别是枣庄市和舟山市多位专家做了大量工作,在此表示感谢！由于时间紧，编者水平有限，疏漏在所难免，敬请广大读者、同行批评指正。

编　者

2025 年 1 月

目录

CONTENTS

第一章　概述 …………………………………………… 1

第一节　马铃薯起源和传播 ……………………………… 2
第二节　马铃薯的重要价值 ……………………………… 8
第三节　马铃薯生产现状 ……………………………… 11
第四节　我国马铃薯产业发展前景 …………………… 21

第二章　马铃薯生物学特性 ……………………………… 25

第一节　马铃薯植物学特性 …………………………… 26
第二节　马铃薯生长发育阶段 ………………………… 32
第三节　马铃薯生长发育条件 ………………………… 35

第三章　马铃薯脱毒种薯 ………………………………… 43

第一节　种薯退化及解决途径 ………………………… 44

第二节　脱毒种薯级别和质量标准 …………… 50
第三节　脱毒种薯繁育体系 …………………… 54

第四章　马铃薯栽培技术 ………………………… 67

第一节　地膜覆盖栽培技术 …………………… 68
第二节　拱棚栽培技术 ………………………… 74
第三节　马铃薯玉米套种栽培技术 …………… 77

第五章　马铃薯机械化生产 ……………………… 79

第一节　马铃薯机械化生产概况 ……………… 80
第二节　马铃薯机械类型 ……………………… 81
第三节　马铃薯机械损伤研究与发展 ………… 89

第六章　马铃薯病虫草害绿色防控 ……………… 93

第一节　绿色防控概述 ………………………… 94
第二节　马铃薯病害的绿色防控 ……………… 97
第三节　马铃薯虫害的绿色防控 ……………… 102
第四节　马铃薯草害的绿色防控 ……………… 107
第五节　马铃薯病虫害绿色防控技术应用 …… 112
第六节　农作物种植禁限用农药 ……………… 123

主要参考文献 ……………………………………… 125

第一章

概　述

第一节　马铃薯起源和传播

一、马铃薯的起源

马铃薯（学名：*Solanum tuberosum*，英文：potato）是茄科茄属一年生草本植物，又称土豆、地蛋、洋芋等。因其生长期短，具有良好的种植适应性、较高的产量、丰富的营养价值等特点，在世界各地被广泛种植，它既是粮食，又是蔬菜，在人们生活中占有重要地位。2015年1月，农业部正式启动马铃薯主粮化战略，将马铃薯作为我国三大粮食作物的补充，马铃薯成为我国重要的粮食和经济作物。

据考证，马铃薯起源于南美洲，最早在秘鲁由人工培育出来，有2个起源中心，其中栽培种主要起源于以秘鲁和玻利维亚交接处的的的喀喀湖（Titicaca Lake）盆地为中心的地区；野生种主要起源于北美洲及墨西哥中部。

马铃薯在南美洲栽培历史悠久，据考证马铃薯栽培历史可追溯到8 000~10 000年以前，但从南美洲传播出来的历史迄今只有400多年，现已分布到全世界200多个国家和地区。

二、马铃薯的传播

马铃薯在世界各地的传播，离不开早期航海家的探险活动。公元1536年，一名西班牙探险队员在哥伦比亚的苏洛科达村最先发现了马铃薯。1538年，西班牙航海家谢拉第一次把印第安人培育的马铃薯介绍给欧洲，至此，马铃薯才开始被世人认识。马铃薯在世界上的传播开始时间难以确定，但确定的是16世纪后叶首先被传到欧洲，开启了马铃薯在世界各国的传播之旅。

1. 欧洲的传播

马铃薯最早被引进欧洲栽培有2条路线：一路是大约在1551年西班牙人瓦尔德姆把马铃薯块茎带到了西班牙，并向国王卡尔五世报告了这种珍奇植物的食用方法，但并未得到重视，没有在全国范围内推广，直至1570年马铃薯才被引进并在南部种植，西班牙人引进的马铃薯后来传播到欧洲大部分国家以及亚洲的一些国家和地区；另一路有2种说法，一种说法是1588—1593年，马铃薯被引种到英格兰，经考证，最可靠的年份是1590年，并遍植英伦三岛，英国人引进的马铃薯后来传播到威尔士以及北欧诸国，又引种至大不列颠王国所属的殖民地以及北美洲；另一种说法是1565年英国人哈根从智利把马铃薯引入爱尔兰。最初马铃薯作为珍稀礼品或药品相互赠送，后来，直到17世纪中叶，捷克、奥地利、德国等相继种植，逐渐被认可、接受、重视，并被广泛种植。1925年在布卡索夫教授的率领下组成考察队，先后4次去南美洲采集马铃薯野生和栽培的种质资源，建立了种质资源库以及比较完整的马铃薯育种体系。马铃薯作为一种食物引入欧洲，从开始引入至广泛传播耗时1个世纪，经历了一条漫长而又曲折的道路。

2. 其他洲的传播

马铃薯在其他洲的传播：北美洲大陆是在1762年首次通过百慕大从英格兰引进马铃薯在弗吉尼亚种植，1718年爱尔兰向北美洲移民又将马铃薯带到美国，至今在美国的一些州还将其称之为爱尔兰薯。马铃薯是从海路传入亚洲和大洋洲的，据说其传播路线有3路：第一路是在16世纪末至17世纪初由荷兰人把马铃薯传入新加坡、日本和中国台湾；第二路是17世纪中期西班牙人将马铃薯传到印度和爪哇等地；第三路是1679年法国探险者把马铃薯带到新西兰；此外还有英国传教士于18世纪把马铃薯引种至新西兰和澳大利亚。

3. 我国的传播

马铃薯在我国的传播，传入的最早时间有较多争议，16世纪，随着荷兰人进驻我国台湾设立据点，他们多次派使节入京，马铃薯便来到了中土，改名"土豆"，成了皇家贡品。但晚明的皇室贵族们，根本瞧不上这种貌不惊人的农作物，就将马铃薯当作观赏植物种在太液池边，希望皇帝路过时能瞧见马铃薯独有的小白花。万历皇帝认为这种白色的花不祥，便将它发配到了菜户营。虽然万历皇帝瞧不上马铃薯，但作为京师治安官的蒋一葵却很早就留意起这种新作物，并在《长安客话》这本书中进行了记录："土豆，绝似吴中落花生及香芋，亦似芋，而此差松甘。"也就是说，马铃薯传入中土时，样子像芋头，唯独口感比较一般。不过，明朝的菜户营可不是一般的机构，它几乎云集了当时全天下最会种菜的一群人，而他们生产的蔬菜瓜果，最后大都流入宫廷，供帝后享用。据此可知，最早吃到马铃薯的中国人，应该还是晚明的皇室贵族们，虽然他们打心底里看不上这种外来作物。

崇祯年间，太监刘若愚在他所著的《酌中志》中有关于皇宫饮食的记载："辽东之松子，苏北之黄花、金针，都中之土药、土豆，南都之苔菜，武当之鹰嘴笋、黑精、黄精……不可胜数也。"换言之，经过数十年的培育，曾经不堪入口的马铃薯，已经成了京中少有的能拿得出手的"特产"了。然而，菜户营所培育的马铃薯仍然难以走上普通人的餐桌。离开皇家、京畿，一般人依旧无法获得优良的薯种。这一点，徐光启的《农政全书》便可佐证。在这本明末的农学巨著中，徐光启面对几乎同时期自欧洲传入中国的红薯，着墨甚多。他专门写了篇《甘薯疏》，将甘薯第一次在上海试种后的经验总结了出来，成为农学史上著名的甘薯松江种植法。而面对马铃薯，这位明末的大学士却只介绍了其别名、形状和吃法，说明即便如他那般位高权重，想要试种并总结马铃薯的栽培方法也是无从下手的。

当马铃薯之味逐渐为明朝上层所接受时,一场大饥荒却持续席卷着大明天下。到了崇祯末年,极端气候引发的旱灾几乎笼罩了明朝四方,"至一夜之内,百姓惊逃,城为之空"。而旱灾最严重的陕甘等地,大小旱事、蝗灾竟持续了15年之久,最终战乱起,关外清军八旗一拥而入,成功问鼎中原。大历史的巨变,也改变了马铃薯的去向。清朝取消明朝的皇室饮食供应系统,原先替皇家种菜的"菜户"瞬间沦为了平民。伴随着菜户身份的变化,马铃薯等一批原先仅供给皇家的蔬菜瓜果,逐渐登上老百姓的餐桌。但与小麦、水稻等主食相比,马铃薯在相当长的一段时间内仍处于相对尴尬的地位。

明亡后,郑成功率部进驻台湾,赶跑了在此实行殖民统治长达38年的荷兰人。荷兰人跑到爪哇岛上,借助先前建立于此的荷兰东印度公司开展东方海上贸易。一大批进入中国南方的马铃薯,在顺治十二年(1655年)的夏天,与荷兰使团一起从爪哇经广州,抵达京津一带。1663—1792年,荷兰的传教士、官方使团前后5次来华。由于马铃薯富含维生素C,对当时海上船员易犯的坏血病具有很好的预防作用。因此,使团成员来华时,船上必备马铃薯。马铃薯随着使团的脚步,流向途经的南方沿海城市。从此,在北方被称作"土豆"的马铃薯,在南方又多了一个"爪哇薯"的名字。

此时,中国的人口正在经历一轮爆炸性的大增长。人口激增,导致整个社会对粮食的需求量大幅上升,进而导致了人地矛盾的进一步激化。乾隆帝决定放松户籍管理,鼓励百姓迁移开荒。在此背景下,马铃薯也开始了"攻城略地"的历史进程。此前仅在京津一带小范围种植的马铃薯,因淀粉含量多、可果腹等优势,此时一跃成了迁徙百姓的主粮。由于马铃薯耐寒耐旱,跟随来自天南地北的开荒者,其种植也播撒全国,落户于河北、山西、陕西、山东、河南、四川、云南等地。曾任汉中知县、知府长达20年的严如熤在《三省边防备览》中写道："洋芋（马铃薯）花紫、叶圆，根下生芋，根长如线，累累结实数十、十数颗。色紫，如指、拳，如小杯，味甘而淡。山沟地一块，挖芋常数十石……洋芋切片堪以久贮，磨粉和荞麦均可作饼、馍。"这说明，最晚在嘉庆、道光年间，马铃薯已经成为西南地区的主食之一。同样的历史进程也发生在西北地区。位于陕西的兴安府（今安康市）在当地府志中提到："乾隆三十年前，本处秋收，以粟、谷为大宗，十年以后，则杂以包谷、洋芋（马铃薯），至乾隆末，则已遍山满谷。"渐渐地，饱受饥荒之苦的人们发现了马铃薯高产的秘密。可以说，高产的马铃薯，救了不少中国人的命，也改变了中国人数千年来的饮食结构。正如道光二十一年（1841年）湖北《建始县志》所载："民之所食包谷也，洋芋也，次则蕨根，次则蒿艾，食米者十之一耳。"至此，马铃薯在传入中土200多年后，终于被中国百姓所接受和依赖。

随着老百姓对马铃薯的主食依赖性越来越强，进入19世纪中叶，在"土豆"的称呼之外，人们又给它取了山药蛋、阳芋、地蛋、地豆、番仔薯等符合各地特色的中文名。作为吃马铃薯长大的嘉庆二十二年（1817年）科举状元，河南人吴其濬在他的《植物名实图考》中第一次完整记录了马铃薯的种植方法和食疗功用："马铃薯，原名阳芋，黔滇有之。绿茎青叶，叶大小、疏密、长圆形状不一，根多白须，下结圆实，压其茎则根实繁如番薯，茎长则柔弱如蔓，盖即黄独也。疗饥救荒，贫民之储，秋时根肥连缀，味似芋而甘，似薯而淡，羹膳煨灼，无不宜之。叶味如豌豆苗，按酒侑食，清滑隽永。开花紫筒五角，间以青纹，中擎红的，绿蕊一缕，亦复楚楚。山西种之为田，俗呼山药蛋，尤硕大，花色白。闻终南山氓种植尤繁，富者岁收数百石云。"吴其濬不知道的是，在他写成此书前后，地球的另一端，西欧的爱尔兰正在遭遇史上惨绝人寰的大饥荒。同理,作为19世纪中国百姓的主要口粮之一,当马铃薯发生大面积种植灾害时,也会引发一定程度的饥荒。光绪十五年(1889年),四川、贵州等地夏天的雨量比往年多,耐旱耐寒的马铃薯被大面积淹坏,当地百姓失去了赖以生存的粮食,大量饥民涌入山间,"四乡饿殍甚众"。

纵观中国历史,尽管百姓的吃饭问题在清末乃至民国时代依旧存在相当大的压力,但对于一向抱有可持续发展理念的国人而言,马铃薯的育种与选种一直是扭转这种民生劣势的重头戏。作为中国最早的农业期刊《农学报》创办者,罗振玉在1900年便主张从欧美引入优良薯种,设立种子田,"俾得繁殖,免远求之劳,而收倍蓰之利"。这为国内马铃薯育种提供了一条新的思路。

尔后,在帝国主义入侵和国人引种的双重影响下,中国的马铃薯出现了白皮、黄皮、红皮、紫皮等数种耐寒品类,并在20世纪30年代迎来了亩产高峰。据唐启宇先生统计,单是1936年一年,全国马铃薯总产量便高达2 500万斤(1斤=500 g)。充足的马铃薯产量,为那个饱受战争与饥荒双重打击的年代,带去了生命的"薯光"。延续这一传统,1939年,从美国学成归来的农学家杨鸿祖,带来了他从明尼苏达大学马铃薯育种专家克伦茨那里引进的马铃薯杂交品种,打算在四川成都开展首批杂交育种试种。岂料,当年正好赶上晚疫病大暴发,杨鸿祖移种在四川的马铃薯苗几乎损失殆尽。后在苏联马铃薯育种专家的帮助下,杨鸿祖才得以引进16个在欧美种植的马铃薯野生种,继续其杂交试验。在新技术的加持下,马铃薯再一次在20世纪50年代的饥荒中保住了许多中国人的性命。

时至今日,中国已经成为世界上马铃薯产量最大的国家。许多专家认为,随着全球人口的快速增加,未来世界出现粮食危机时,只有马铃薯可以拯救人类。为此,中国也率先启动了马铃薯主粮化战略,使这一舶来中国400余年的农作物,与水稻、大豆、小麦、玉米共同跻身中国五大主粮之列。谁又能想到，当初在紫禁城里被认为"不祥"的白色小花，竟是岁月安好的最后底线。

第二节　马铃薯的重要价值

一、主要用途

马铃薯是一种宜粮、宜菜、宜工业原料等具有多种用途的经济作物。不仅可以缓解人口增长带来的粮食压力，而且还可以满足城市发展对蔬菜和副食品的部分需求。

新鲜马铃薯含有大约80%的水分和20%的干物质，干物质主要由淀粉组成，占60%~80%，还含有少量的蛋白质、膳食纤维、维生素、矿物质等。按干重计算，马铃薯的蛋白质必需氨基酸含量高，营养价值高，含量与谷物的蛋白质含量相同，但是比其他块根和块茎的蛋白含量要高得多。此外，马铃薯的脂肪含量较低，是一种多用途的农产品，既可以作为菜用，又是淀粉加工的原料，同时又可以作为饲料。

二、价值类型

马铃薯的食用价值：马铃薯营养丰富，100 g 马铃薯中所含的营养成分：蛋白质 2 g，脂肪 0.2 g，碳水化合物 17.2 个，膳食纤维 0.7 g，热量 76 kcal，钙 8 mg，磷 40 mg，钾 342 mg，铁 0.8 mg，维生素 B_1 0.08 mg，维生素 B_2 0.04 mg，烟酸 1.1 mg（表1）。

除此之外，马铃薯块茎还含有禾谷类粮食所没有的胡萝卜素和抗坏血酸。马铃薯块茎中有各种有机酸，其中，柠檬酸的含量最多，约占干物重的 0.79%，其次是苹果酸，约占干物重的 0.45%。琥珀酸、草酰乙酸和其他有机酸类含量虽然很少，却常有重要的生理功能。

表1　马铃薯鲜薯中营养成分含量（每100 g中含量）

成分名称	含量	成分名称	含量	成分名称	含量
可食部（除皮芽）	94	胡萝卜素（mg）	30	钠（mg）	2.7
水分（g）	79.8	维生素 B_1（μg）	0.08	镁（mg）	23
能量（kcal）	76	维生素 B_2（mg）	0.04	铁（mg）	0.8
蛋白质（g）	2	烟酸（mg）	1.1	锌（mg）	0.37
脂肪（g）	0.2	维生素 C（mg）	27	硒（μg）	0.78
碳水化合物（g）	17.2	维生素 E（mg）	0.34	铜（mg）	0.12
膳食纤维（g）	0.7	钙（mg）	8	锰（mg）	0.14
灰分（g）	0.8	磷（mg）	40	碘（mg）	1.2
维生素 A（mg）	5	钾（mg）	342		

马铃薯饲用价值：马铃薯干物质中约70%~80%是淀粉，消化率高（尤其在熟化后），其代谢能值较高，对猪而言，熟马铃薯的消化能甚至接近玉米，是优秀的能量饲料。干物质基础下，总能值与谷物相当。适口性好（尤其熟化后），经过蒸煮、烘烤或干燥的马铃薯适口性非常好，动物喜食。马铃薯淀粉厂、薯条薯片加工厂会产生大量马铃薯渣（主要成分是细胞壁和残留淀粉）、淀粉残渣、次品薯、小薯等。这些副产品经过适当处理（如干燥、青贮、发酵）是经济实惠的饲料资源，可有效降低养殖成本并减少浪费。含有一定量的钾（含量较高）、维生素C和B族维生素（但含量受品种、贮存和加工影响较大）。可提供部分矿物质和维生素。

马铃薯的美容价值：马铃薯富含多种微量营养素，特别是维生素C的含量是苹果的20倍，可以让女性恢复美白肌肤，还可以缓解因工作和精神压力大而产生的抑郁、灰心丧气、不安等负面情绪，改善精神状态。马铃薯是铁的来源，而其维生素C的高含量促进铁的吸收。马铃薯还含有丰富的B族维生素及大量的优质纤维素，可以减缓身体各器官以及皮肤的衰老速度。用新鲜的马铃薯薄片贴在眼睛上30 min左右，随后用温水清洗干净，可以有效减轻眼周浮肿，对祛除眼部皱纹、淡化黑眼圈有非常好的效果。切薄片敷于面部，依然有美白和减少皱纹的功效，同时还具有修复晒伤、清除面部色斑的作用。新鲜马铃薯汁还可以缓解青少年脸上的青春痘、痤疮等，具有良好的美容价值。

马铃薯的工业价值：马铃薯是很好的工业加工原料，其淀粉由约22%的直链淀粉和约78%的支链淀粉组成，具有颗粒大、蛋白质和脂肪残留量低、含磷量高、适口性好、抗切割、白度和黏度高、糊化温度低等特殊理化性质。与玉米淀粉相比有许多优良特性，且不可替代，在国际市场上更具竞争力。马铃薯可以制作淀粉、糊精、酒精、葡萄糖等工业产品；马铃薯淀粉及其衍生物是纺织、造纸、化工、建材等众多领域的添加剂、增强剂、黏稠剂、稳定剂等；在医药上，马铃薯可生产酵母、多种酶、维生素、人造血清等；马铃薯还是重要的食品工业原料，可以制作油炸、冷冻、水食品，马铃薯淀粉和全粉与其他粮食可制成膨化、休闲等几百种营养美味食品。目前，马铃薯加工业发展十分迅速，世界上利用马铃薯已开发出2 000多种加工产品，尤其是其食品加工业，具有十分广阔的市场潜力和发展前景。

马铃薯的药用价值：马铃薯在医学和生物研究中具有广泛应用，具有良好的药用价值。马铃薯的块茎中含有大量的淀粉和糖分，因此在工业上可用于制作淀粉和葡萄糖等食品和药品原料。马铃薯的表皮含有大量植物化学物质、矿物质和维生素等营养成分，这些成分具有抗氧化、抗炎和抗肿瘤等生物学活性。

马铃薯的经济价值：马铃薯的加工附加值比较高。经国内外实践证明，马铃薯深加工产品的经济效益要比鲜薯高几倍，甚至几十倍。一般用传统方法加工成粗淀粉即可增值30%左右，若用现代科学技术加工增值空间更大：精淀粉1.4~2倍，变性淀粉1.65倍，全粉8~10倍；乳酸3倍，高吸水性树脂8倍，环状糊精20倍；市场紧俏的精细化工产品可达30倍，生产生物胶在60倍以上；冷冻薯条4倍，油炸薯条6倍。国外在20世纪50年代就开始了马铃薯的工业化深加工，目前世界上70%的马铃薯都被深加工转化增值。而我国90%的马铃薯为鲜食消费，具有广阔的加工发展前景。

三、生产效益

马铃薯生产效益比较高。在我国很多地方马铃薯亩产量可达1 000~1 500 kg，按所产干物质计算，比其他粮食作物的单位面积产量要高出2~4倍。据调查，在高寒山区，莜麦、谷子、杂豆等亩产在130~200 kg，而马铃薯干物质产量可达200~300 kg。马铃薯产值也非常理想，是其他作物的2~5倍。种植马铃薯比较省时省工，过去有人甚至称其为"懒汉"作物，投入产出比一般在1∶4以上。经过400多年的种植历史，马铃薯已成为主产区农民赖以生存和增加经济收入的主要农作物。

第三节　马铃薯生产现状

自1961年以来，马铃薯种植规模不断扩大，逐渐形成了适应不同地区气候、土壤条件的特色品种。

一、发展阶段

根据马铃薯总产量、播种面积和单产变化，我国马铃薯的生产发展大致可以分为以下3个阶段。

第一阶段，缓慢发展期（1960—1984年）。这期间我国马铃薯育种目标主要是高产、抗病，主要作蔬菜鲜食和饲用，部分加工成淀粉或是粉丝。这20多年间，马铃薯生产虽有波折，但种植面积及产量均稳步上升，种植面积由1961年的130.08万 hm^2 上升到1984年的256.16万 hm^2，总产量由1 290.7万 t 上升到

2 840万t，每公顷产量由9.9 t增加到11.1 t，由于受到生产条件和投入的限制，马铃薯的平均单产不高，仅10.52 t/hm^2。

第二阶段，快速发展期（1985—2007年）。1985年中国建立了国际马铃薯中心（CIP）北京联络处，加强了优良种质资源引进、科研项目合作和科技人员培训等活动，大大促进了我国马铃薯科研及产业的发展。通过与国际马铃薯中心合作，将起源于中国的相关优势技术如马铃薯实生籽技术、间套作技术和病毒诊断技术等传播到世界其他发展中国家。

同期，西式快餐店在中国迅速扩增，一些薯条和薯片加工企业纷纷在中国建立生产基地和加工工厂，为中国马铃薯产业注入新的活力。短短十几年间，马铃薯种植面积从1985年的247.75万hm^{2}增加到2007年的443.03万hm^2，总产量由2 840万t增加到6 486.4万t，中国成为世界第一大马铃薯生产国，产量和种植面积均居第一位。

第三阶段，全面发展期（2008年至今）。2008年，农业部启动了马铃薯现代农业产业技术体系项目，至此中国马铃薯产业进入了一个全面发展的新阶段。该体系围绕马铃薯产业发展需求，进行共性技术和关键技术研发、集成和示范；建设从产地到餐桌、从生产到消费、从研发到市场各个环节紧密衔接、环环相扣、服务国家目标的现代农业产业技术体系；提升马铃薯科技创新能力，增强我国马铃薯产业的竞争力。

二、市场供需

马铃薯同时具有粮食、蔬菜和水果等多重特点，是世界上许多国家重要的食品品种之一，被列入7种主要粮食作物之中，地位仅次于水稻、玉米和小麦。2017年，中国马铃薯种植面积485.99万hm^2，为近十年来最高值，随后种植面积逐渐减少，2022年中国马铃薯播种面积仅有455.81万hm^2，较2021年较少了 4.79 万 hm^2，同比减少了 1.05%（图 1）。

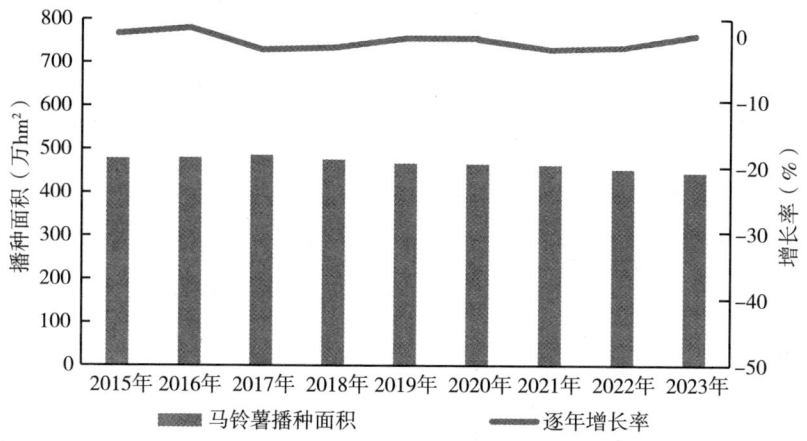

图 1　2015—2023 年中国马铃薯种植面积统计

2017 年以来，中国马铃薯的播种面积不断下降，但其产量不减反升。2022 年中国马铃薯产量达 1 851.6 万 t，较 2021 年增加了 20.7 万 t，同比增长了 1.12%（图 2）。

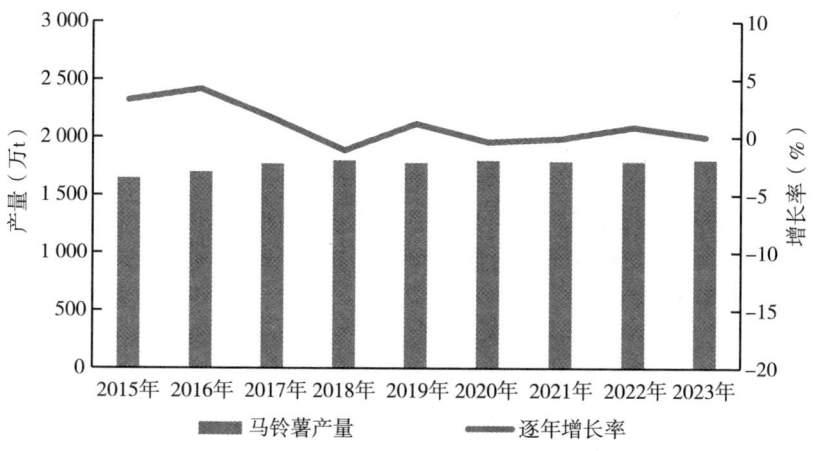

图 2　2015—2023 年中国马铃薯产量统计

随着栽培技术的不断提升,中国马铃薯单位面积产量持续增长。尤其是2019年后种植面积逐年减少,但产量逐年增加。2021年中国马铃薯单位面积产量达3 969.1 kg/hm^2,2022年较2021年仍在增加,2022年马铃薯单位面积产量为4 050.5 kg/hm^2,较2021年增加了81.4 kg/hm^2,同比增长了2.01%,增长率有所放缓(图3)。

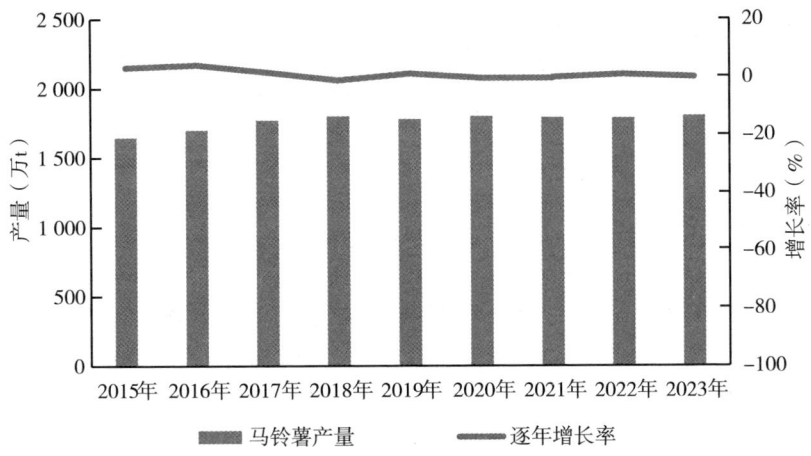

图3 2015—2023年中国马铃薯单位面积产量统计

随着中国经济的发展,中国马铃薯的需求量也在持续增长,2021年中国马铃薯需求量达1 791.92万t,较2020年增加了37.81万t,同比增长了2.11%,2022年中国马铃薯需求量达到1 806.42万t,较2021年增加了14.5万t,同比增长了0.8%。未来,随着马铃薯淀粉生产的需要,中国马铃薯的需求量仍将保持增长(图4)。

中国几乎不进口马铃薯,中国是全球马铃薯重要的出口国之一,2021年中国马铃薯出口数量为38.98万t,较2020年减少了5.21万t,2022年中国马铃薯出口数量为45.18万t。随着中

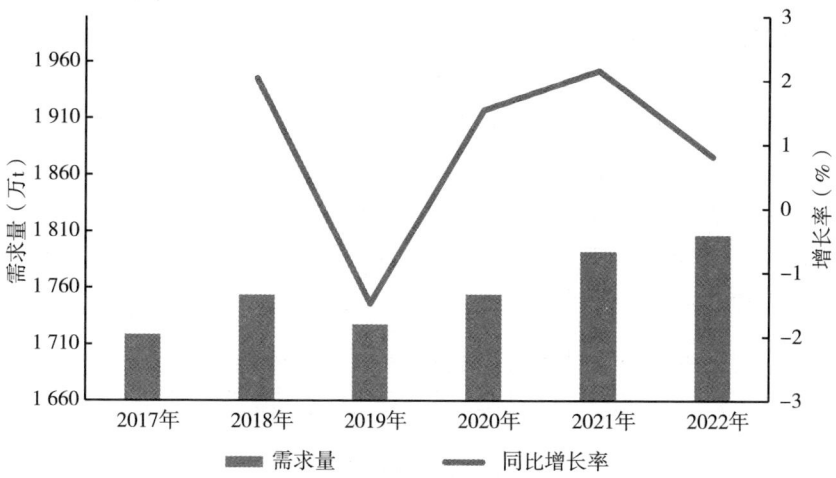

图 4　2017—2022 年中国马铃薯需求量统计

国马铃薯产量的不断增加，国际市场对国内马铃薯产业的影响不断减少。2021 年中国马铃薯出口金额达 21 212.41 万美元，较 2020 年减少了 7 762.85 万美元，2022 年中国马铃薯出口金额为 24 875.42 万美元。从进出口均价来看，中国马铃薯的出口均价维持着相对稳定的水平，2022 年中国马铃薯出口均价为 550.6 美元/t，较 2021 年的出口均价略有增长（表 2）。

表 2　2017—2022 年中国马铃薯进出口情况统计

年份	出口数量（万 t）	进口数量（万 t）	进口金额（万美元）	出口金额（万美元）	进口均价（美元/t）	出口均价（美元/t）
2017 年	50.95	0.000 5	1.1	28 075.77	2 200	551.0
2018 年	44.81	0	0	26 123.78	0	583.0
2019 年	50.33	0	0	39 801.09	0	790.8
2020 年	44.19	0	0	28 975.26	0	655.7
2021 年	39.98	0	0	21 212.41	0	544.2
2022 年	45.18	0	0	24 875.42	0	550.6

分省份来看，2022年广西壮族自治区马铃薯出口金额为9 877.35万美元，全国排名第一；山东省马铃薯出口金额为6 159.97万美元，全国排名第二；云南省马铃薯出口金额为2 370.80万美元，全国排名第三。湖南省、黑龙江省和广东省也是中国马铃薯最主要的几个出口省份，出口额均超过千万美元。从出口目的地来看，2022年中国马铃薯主要出口至越南、马来西亚和泰国，出口金额分别为11 949.4万美元、4 037.68万美元和2 193.44万美元（表3）。

表3　2022年中国马铃薯主要出口省份和目的地统计

马铃薯主要出口省份及出口额（万美元）		马铃薯主要出口目的地及出口额（万美元）	
广西壮族自治区	9 877.35	越南	11 949.40
山东省	6 159.97	马来西亚	4 037.68
云南省	2 370.80	泰国	2 193.44
湖南省	1 363.16	缅甸	2 078.27
黑龙江省	1 225.71	中国香港	1 984.85
广东省	1 100.47	俄罗斯	1 198.78
浙江省	650.56	新加坡	847.01
甘肃省	396.82	斯里兰卡	156.36
上海市	301.99	文莱	105.91
北京市	265.06	中国澳门	103.00

三、马铃薯种植区

目前，我国马铃薯种植区域化格局已基本形成，根据气温、降水、土壤类型等自然条件的不同，具体划分为北方一作区、西南混作区、中原二作区和南方冬作区4个区域，现有各区域马铃薯错季上市，相互补充，已基本满足我国马铃薯的消费需求。

1. 北方一作区

该地区占中国马铃薯种植总面积的50%，主要包括黑龙江、吉林、辽宁、内蒙古等省份，该区域无霜期短，春播秋收，通常在4月下旬至5月初种植，9—10月收获。该区域昼夜温差大，生产的马铃薯淀粉含量高，适合生产种薯及加工用薯。

2. 西南混作区

该地区占中国马铃薯种植总面积的37%，西南地区以丘陵山地为主，是我国马铃薯的重要产区，其中，四川省马铃薯产量常年稳居第一；近年来，贵州省马铃薯产业发展较快，居全国第二位。该区域的马铃薯种植时间通常在9—11月，并在翌年2—4月完成收获。这个地区生产的马铃薯主要用于鲜食消费。

3. 中原二作区

该地区占中国马铃薯种植总面积的8%，主要包括山东、河南、江苏等省份。无霜期较长，夏季温度高，不利于马铃薯生长，故形成春秋二季栽培马铃薯。春薯于2—3月种植，5月或6月收获。7—8月开始种植秋薯，10—11月收获。这个地区生产的马铃薯主要用于出口和鲜食消费。

4. 南方冬作区

该地区占中国马铃薯种植总面积的5%，主要包括广东、福建、广西和海南。无霜期长，夏长冬暖，多为水稻产区，水稻收获后，利用冬季休闲地，露地种植，近年来种植面积增长较快。该区域的马铃薯在10—11月种植，并在翌年2月和3月收获。该区域的马铃薯主要用于出口和鲜食消费。

在马铃薯种植面积上，南方冬作区充分利用水稻等作物收获后的冬闲田，潜力巨大。在主要优势方面，北方一作区是我国主要的种薯产地和加工原料薯生产基地，西南混作区是我国马铃薯播种面积增长最快的产区之一，南方冬作区的马铃薯在2—4月淡季上市，在出口和早熟、鲜食用方面效益显著。近年来，西南混作区马铃薯生产呈现出良好的发展势头，不仅种植面积和产量迅速增长，在全国所占比重不断上升，并于2013年在产量上超越北方一作区，成为全国最主要的马铃薯生产区域。南方冬作区自2006年以来，马铃薯种植面积和产量也有小幅上升。中原二作区无论是种植面积还是产量所占比重都很小。从产量看，2013年以前，中国马铃薯总产量最高的区域是北方一作区，该区马铃薯产量占全国马铃薯总产量的46%~55%，产量由2000年的667.97万t增加至2012年的891.07万t，但是在2013年以后该区马铃薯产量占全国比重不断下降；西南混作区逐渐成为全国最大的马铃薯生产区域，2016年西南混作区马铃薯产量占全国总产量的50%左右，由2000年的507.17万t增加至2016年的968.2万t，产量增加了90.9%；南方冬作区保持基本稳定，略有上升；中原二作区在2000—2005年产量大幅下降，随后略有上升，但占全国总产量的比重很小，基本稳定在1.6%左右。从种植面积看，2012年及以前北方一作区在马铃薯种植面积上是四大区域之首，占全国马铃薯总播种面积的48%~57%，但该区播种面积增长缓慢，由2000年的265.665万hm^2增加至2012年的267.173万hm^2，并且播种面积及占全国总播种面积的比重在2013年后来呈现出下降的趋势；西南混作区马铃薯播种面积增长很快，由2000年的173.583万hm^2增加至2016年的280.24万hm^2，增加61.44%，并成为目前全国最大的马铃薯生产区域；南方冬作区及中原二作区种植面积较小，并保持基本稳定，南方冬作区略有上升。

四、生产基地不断规范

马铃薯在种植过程中，不断完善标准化栽培技术，规范示范生产基地。至今已出台《马铃薯商品薯生产基地建设规范》《马铃薯绿色生产基地建设和管理规范》等马铃薯栽培相关技术规程 41 个，涉及不同栽培茬口、不同栽培模式。种植大户或新型经营主体通过集中流转土地，采取统一技术培训、统一生产标准、统一操作规范、统一良种、统一对外销售等措施加强市场与主体的利益联结，进一步提高了基地组织化程度。在马铃薯种植过程中不断完善标准化生产流程，提高机械化程度，提高马铃薯种植的效率，提升经济效益。生产过程朝着规模化和现代化方向发展，提升马铃薯品质与市场竞争力。

五、贮藏能力不断增强

大部分的马铃薯在采摘完之后不会立马完成销售，需要进行科学合理贮藏，在贮藏期间保证马铃薯的品质不会降低。以前马铃薯贮藏方式落后，在贮藏期间产量会损失 15%~20%，其余约 80%用于鲜食或加工成粉丝、粉条等，综合经济效益受到较大限制。针对这种情况，各级科研机构针对马铃薯采后及贮藏期间存在的关键技术问题，研发出了商品薯的抑芽剂新产品、种薯发芽调控剂、贮藏防腐剂等多种新型调控剂。创新了马铃薯贮藏设施、通风系统建造模式及中小马铃薯贮藏设施的强制通风智能控制仪等，助力提升马铃薯贮藏保鲜技术水平。贮藏能力不断增强，达到了保鲜效果佳和贮藏时间长的目的。提高贮藏能力不仅能够解决马铃薯上市之前的销售问题，同时也能够为需要的企业提供足量的生产原料，实现两者的共同发展。

六、销售体系不断完善

随着信息化的发展，传统的销售观念已经落后于现在马铃薯产业发展，需要灵活运用现代市场营销理念实现马铃薯产品销售量的突破，完善马铃薯的营销体系，让马铃薯产业在发展过程中有足够的营销途径，推进马铃薯产业销售市场的扩大。

农产品销售体系的完善，对于满足城乡居民的农产品消费需求，提高农户的经济收入和生产积极性具有重要意义。农产品销售体系的健全对促进地区农产品规模化、农产品产业化发展具有重要作用。马铃薯种植产区一般具有专业批发市场、产地批发市场、季节性临时批发市场等大宗农产品销售平台，辅以农贸市场等，形成大宗批发+产品零售的流通模式。马铃薯规模化种植主体更加注重品牌营销，出现了直销配送、农超对接等新型营销模式。淘宝、天猫、京东、拼多多、抖音、快手等电商平台的发展给马铃薯的销售提供了一个新的销售途径，利用网络可以扩展马铃薯销售的规模，推进马铃薯产业的进一步发展。

七、产后加工不断提升

近年来，我国在薯类加工上不断加大力度，马铃薯的深加工水平显著提升。目前，马铃薯是制造方便食品如油炸薯片、复合薯片和速冻薯条等的重要原料。近年来，薯片深受年轻消费者（学生、青少年、白领）喜爱，全国薯片购买普及率达到了76%，一线城市消费者由于接触早，消费能力更强，北京、上海以及广州的购买普及率接近81%，2021年我国薯条产量达42.45万t，其中冷冻薯条占比为98.61%，袋装薯条占比1.39%。

但多数情况下，我国马铃薯一直被当作鲜蔬或配餐食用，仍以初加工为主，深加工量只占总产量的10%左右。国外马铃薯深加工开始较早，从20世纪50年代就开始了工业化深加工，可分为加工食品、生产淀粉及其生物加工制品、淀粉糖品和生物发酵制品四大类，发达国家马铃薯深加工量达70%以上。马铃薯进行全粉加工，掺混小麦面粉后可以做成馒头、饼干等食物。科学研究表明，添加马铃薯全粉后的食品营养价值更高，从而说明全粉食品发展前景良好，后续产业加工生产力不足、消费者认可度不高、市场占有率不高等问题依然突出。开始阶段马铃薯淀粉原材料质量标准不高，部分来源于鲜食马铃薯筛选后的次等品，从而导致淀粉质量也不是很高。现在随着技术的不断改进，马铃薯全粉加工产量与质量方面也相应提高。但是全粉加工产业链还不够完善，还有进一步改良空间。

因此，马铃薯产业需要采用更加环保的生产方式，减少对环境的影响。此外，马铃薯产业还需要加强与其他相关行业的合作。例如，与食品加工行业的合作，可以将马铃薯加工成更多的产品，从而提高产业的附加值。综上所述，马铃薯产业面临着巨大的机遇和挑战。通过采用新技术、开发新产品、环保生产等方式，马铃薯产业将迎来更好的发展。同时，加强与其他行业的合作，也将为马铃薯产业的发展带来新的机遇。

第四节　我国马铃薯产业发展前景

我国是世界马铃薯生产大国，近年来，种植面积日趋稳定，约占世界马铃薯种植面积的1/4，居世界前列。马铃薯产业加工链条长，产品附加值高、经济效益高，具有较强的发展潜力。

近年来，通过不断改进马铃薯生产栽培管理技术，通过选育抗病毒种薯等措施，助推产业高质量发展。

一、生产模式更丰富

初期马铃薯种植以家庭为单位，一家一户分散种植，缺乏规模化、体系化与标准化。随着土地流转，越来越多的农民专业合作社、种植大户、家庭农场等新型经营主体投入马铃薯种植行业，形成了"合作社+农户""公司+基地+农户""党支部领办合作社"等多种新型经营模式。在生产过程中，严格实行"统一供种""统一关键和重要技术指导""统一农资采供服务""统一种植""统一标准""统一销售"，从种植起点到销售终端，形成专业化、精细化、特色化的高效农业发展格局，促进马铃薯产业提质、节约、增效，实现快速发展。

二、政策支持助推产业发展

随着国家扶持重心不断向农业倾斜，政策扶持发展越来越有利于产业发展。

1. 政策激励品种选育

采取"校企合作""事企联合"等多种合作方式，将科研单位的技术实力转化成生产力，部分地区每选育一个符合市场需求并经国家审定的新品种，政府将会发放奖励资金。

2. 加大品牌宣传力度，积极打造马铃薯区域品牌

"滕州马铃薯"外形美观、皮薄光滑、黄皮黄肉，质优味美，营养丰富，先后获国家地理标志认证、地理标志证明商标，首届中国农产品公用品牌价值百强（品牌价值23.67亿元），消费者最喜爱的100个中国农产品区域公用品牌，上海世博会指定用品，"滕州马铃薯"在农业部优质农产品开发服务中心组织开展的"2011年中国著名农产品区域公用品牌调查"活动中，经

过全国消费者网络投票，被评选为"2011消费者最喜爱的中国农产品区域公用品牌"，成为全国唯一一个入选的马铃薯区域公用品牌。2012年，"滕州马铃薯"获"最具影响力中国农产品区域公用品牌"，跻身全国百强之列。2013年，在年度中国地理标志发展报告，滕州市马铃薯首次入选"中国100大地理标志"，列60位。进入家乐福等大型超市，成为畅销国内外市场的知名品牌。

3. 惠农政策为产业发展提供保障

为有效缓解马铃薯种植自然灾害风险，政府出台了政策性农业保险政策，马铃薯保费由农户自行承担20%，中央财政补助35%，省财政补助35%，市财政补助5%，区（市）财政补助5%，降低了薯农种植风险。此外，国家在部分地区实施脱毒种薯扩繁和大田种植补贴，补贴对象是农民、种植大户、家庭农场、农民合作社或企业；逐渐完善马铃薯生产扶持政策，落实农业支持保护补贴、农机购置补贴政策，鼓励各地方对马铃薯加工企业实行用地、电、水、气等价格优惠。

三、农业生产现代化助推产业发展

目前，我国较大的马铃薯种植区已成功探索出品种优良化、基地规模化、全程机械化、管理精细化和品牌标准化的"四化一品"生产模式，马铃薯综合产值稳步提升。马铃薯种植基地基本实现起垄覆膜、播种、施肥、铺设滴灌带等作业环节机械化一次性完成，病虫害实现无人机飞防精准防控，分级采收机械化高效作业，药肥一体化、水肥一体化等智能设备实施精细管理。马铃薯生产基地连片规模种植，全程机械化种收、精细化管理，有助于实现产业现代化发展。

第二章

马铃薯生物学特性

第一节　马铃薯植物学特性

一、马铃薯的根

根是吸收养分和水分的器官，同时还有固定植株的作用。马铃薯的根系是白色的，老化时变为浅褐色。大量根系斜着向下，大部分在 30 cm 左右的表层。马铃薯的根系特点是一般早熟品种的根比晚熟品种的根长势弱，数量少，入土浅。马铃薯主根逐渐退化，从胚轴的下方或者是基部会生出许多不定根，它们的粗细较为均匀，比较细小，且有着显著的内皮。马铃薯的不同繁殖材料长出的根不一样。马铃薯用种子繁殖所发生的根属于直根系，分为主根和侧根；用薯块进行无性繁殖生的根呈须状，称为须根，属于不定根，无主侧根之分。在实际生产中，多数用薯块进行繁殖，因此多为须根。

须根系根据其发生的时期、部位、分布状况可分为 2 类：一类是芽眼根，另一类是匍匐根。

芽眼根：在初生芽的基部 3~4 节上发生的不定根，叫芽眼根。芽眼根的特点是生长早，分枝能力强，分布广，分布宽度 30 cm 左右，深度可达 150~200 cm，是马铃薯的主体根系。马铃薯先出芽后生根，但根系生长速度快，在马铃薯出土前就会形成根系群，初始阶段靠根毛吸收养分和水分供植株生长。

匍匐根：在地下茎的中上部各节陆续长出的不定根，称为匍匐根。部分匍匐根在幼苗出土前就已生成，部分在幼苗生长过程中培土后陆续生长出来。匍匐根分布在土壤表层，长度较短，分枝能力弱，但吸收磷素的能力很强，并能在很短时间内把吸收的磷素输送到地上部的茎叶中去。匍匐根长出时就是使用磷肥的关键，有助于输送到作物的茎叶中去。

二、马铃薯的叶

叶是绿色植物光合作用的主要器官，叶绿体是光合作用的场所，叶绿体中含有叶绿素，叶绿素能吸收光能，进行光合作用，把根系吸收的营养和水分，以及叶片在空气中吸收的二氧化碳，合成有机物并释放出氧气。

马铃薯同属绿叶植物，植株利用光能制造成富有能量的有机物质（糖、淀粉、蛋白质、脂肪），同时释放出氧气，这些有机物质通过地上茎、地下茎、匍匐茎被输送到块茎中贮藏起来，供应根、茎、叶、花等生长时应用，所以叶子如同动物的胃一样，把摄取的食物进行消化吸收，叶片是马铃薯形成产量的活跃部位。

马铃薯的叶片分为单叶与复叶。马铃薯无论用种子或块茎繁殖时，最初生长的几片初生叶均为单叶。马铃薯的复叶由顶生小叶和3~7对侧生小叶，以及侧生小叶之间的小裂叶和复叶叶柄基部托叶所构成。复叶互生，呈螺旋排列，叶序为2/5、3/8或5/13。顶生小叶叶形略大，形状和侧生小叶的对数，是品种的特征之一。

马铃薯叶片的生长过程，分为3个时期，分别是上升期、稳定期、衰落期。在植株生长后期叶片进入衰落期，部分叶片开始枯黄，但大部分叶片仍然保持绿色，继续进行光合作用。该时期叶面积减少，但田间透光条件得到改善，再加上适宜的温度，更有利于有机物质的合成和积累，因此这个时期是块茎产量形成的重要阶段。所以这个时期防止叶片早衰，尽量多地保持绿色叶片，对增产有重要作用。

三、马铃薯的茎

马铃薯的茎按不同部位、不同形态和不同作用，分为地上茎、地下茎、匍匐茎、块茎4种。

1. 地上茎

由种薯块茎芽眼萌发的幼芽发育形成的地上枝条，茎的高度和分枝数量受品种特性及栽培条件影响。一般高度集中在30~100 cm，一般早熟品种较矮，分枝晚，分枝数量少，以上部分枝为主；晚熟品种相对较高，分枝发生早且多，以基部分枝为主。地上茎分枝的多少，还与种薯大小密切相关，种薯小则分枝少，种薯大则分枝多，整薯播种比切块播种分枝多，一般每株分枝4~8个。

马铃薯地上茎主要起支撑植株和养分水分传输的作用。茎节间长短与品种、种植密度，氮肥用量及光照有关。地上茎的颜色多为绿色，也有个别的品种在绿色中带有紫色和褐色。马铃薯茎的再生能力很强，在适宜的条件下，每个茎节都可发生不定根，每节的腋芽都可形成新的植株。

2. 地下茎

主茎的地下结薯部位。地下茎茎秆上着生芽眼根和匍匐根、匍匐茎和块茎。地下茎的长度因品种、播种深度和生育期培土高度而异，一般为10 cm左右。地下茎的深度决定根的数量和匍匐茎的数量，播种深度一般控制在20 cm左右，保证地下茎有足够的生长空间。

3. 匍匐茎

马铃薯匍匐茎是实际是茎在土壤里的分枝，所以有人叫它匍匐枝，由地下茎的节上腋芽长成，是生长块茎的地方，它的尖端膨大就长成了块茎。一般是白色，也有的品种呈现紫红色，在地下表层水平方向生长。匍匐茎开始生长的时间与品种特性有关，早熟品种当幼苗长到5~7片叶时，晚熟品种当幼苗长到8~10片叶时，地下茎节就开始生长匍匐茎了。匍匐茎的长度一般3~10 cm，因品种不同而不同，早熟品种的匍匐茎短于晚熟品种的匍匐茎。匍匐茎短的结薯集中，过长的结薯分散。

匍匐茎数目的多少，因品种而异，一般一个主茎上能长出4~8个匍匐茎。如果种的浅，坑太小，培土薄，或者土壤湿度过大，它就会露出地面，长出叶片，变成普通分枝。这种现象被叫作"窜箭"，出现这种现象会减少结薯个数，影响产量。因此，播种深培土能保证地下茎的长度和节数。为匍匐茎生长创造良好的环境条件，长出足够数量的匍匐茎，增加块茎的数量。

4. 块茎

马铃薯的块茎属于地下变态茎，是由匍匐茎尖端膨大形成的薯块，既是经济产品器官，又是繁殖器官，同时也是马铃薯的营养器官，叶片所制造的有机营养物质，绝大部分都贮藏在块茎里，是贮藏营养物质的"仓库"。块茎形状不一，有圆形、扁圆形、卵形、椭圆形和长形，块茎有头尾之分，与匍匐茎链接的一头是尾部，也叫脐部，另一头是头部，也叫顶部。顶部是匍匐茎的生长点部位，芽眼较密，最顶部的一个芽眼较大，里面能长出的芽较壮，叫作顶芽。块茎表皮有许多气孔，这是与外界交换气体的也是呼吸的通道，名叫气孔。

同时马铃薯块茎还具有地上茎的各种特征，具体如下。

（1）在块茎生长初期，其表面各节上都有鳞片状退化小叶，无叶绿素，呈黄白色或白色，至块茎稍大后，鳞片状退化小叶凋萎脱落，残留的叶痕呈新月状，称为芽眉。芽眉内侧表面向内凹陷成为芽眼。芽眼的深浅，因品种和栽培条件而异，芽眼过深是一种不良性状。每个芽眼内有3个或3个以上未伸长的芽，中央较突出的为主芽，其余的为侧芽（或副芽），发芽时主芽先萌发，侧芽一般呈休眠状态。

（2）芽眼在块茎上呈螺旋状排列，顶部密，基部稀。块茎最顶端的一个芽眼较大，内含芽较多，称为顶芽。在块茎萌芽时；顶芽最先萌发，而且幼芽生长快而壮，从顶芽向下的各芽眼，依次萌发，其发芽势逐渐减弱。

（3）块茎的大小决定于品种特性和生长条件，一般每块重50~250 g，大块可达1 500 g以上。块茎的形状因品种而异，但栽培环境和气候条件，使块茎形状产生一定变异。块茎形状大致分为3种主要类型，即圆形、长筒形、椭圆形。在正常情况下，每一品种的成熟块茎，都具有固定的形状，是鉴别品种的重要依据之一。

（4）马铃薯块茎的皮色有黄色、白色、紫色、淡红色、深红色、玫瑰红色、淡蓝色、深蓝色等。块茎的肉色有白色、黄色、红色、紫色、蓝色及色素分布不均匀等；食用品种以黄色肉和白色肉者为多。一般品种的块茎都具有固定的皮色与肉色。

（5）块茎表皮光滑，粗糙或有网纹，其上分布有皮孔（皮目），有与外界交换气体和蒸散水分的功能，在湿度过高的情况下，由于细胞增生，使皮孔张开，表面形成突起的小疙瘩，既影响商品价值，又易侵入病菌。

四、马铃薯的花

马铃薯的花既是马铃薯进行有性繁殖的器官，又是鉴别马铃薯品种的一个明显依据，也是进行人工杂交育种的唯一部位。马铃薯的花序为分枝型的聚伞花序，花序主干叫花序总梗，也叫花序轴，生长在主茎和分枝最顶端的叶腋和叶柱上。品种不同，花呈现白色、粉红色和紫红色等不同颜色。花冠是五瓣连接轮状，有外重瓣、内重瓣之分。花冠中心5个雄蕊围着1个雌蕊，雌蕊的花柱长短与品种有关。马铃薯花冠与雌蕊的颜色、雄蕊花柱的长短及直立弯曲状态、柱头的形状等，都是区别马铃薯品种的主要标志（图5、图6）。

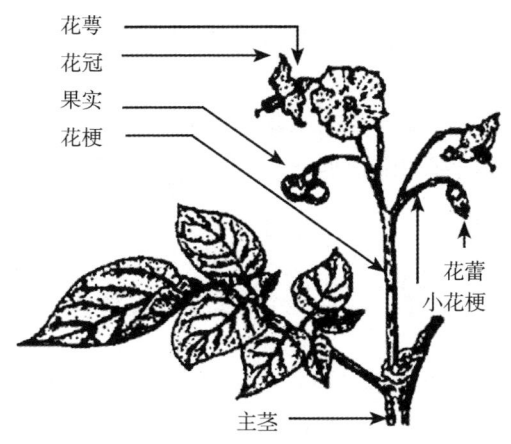

图5　顶芽和花序

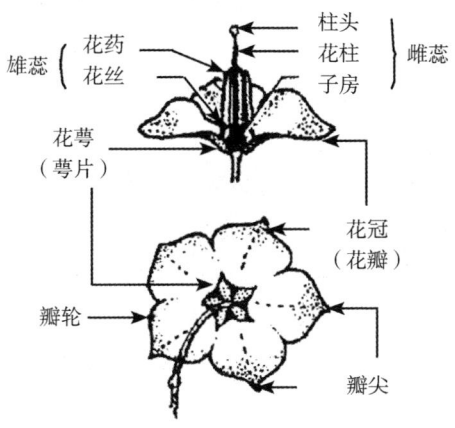

图6　花的详细构造

马铃薯花的开放，有明显的昼夜周期性。它们都是白天开放，从5—7时开始，傍晚和夜间闭合，一般在17—19时开始到第二天再开。每朵花开放3~5 d就落花。如遇阴天，马铃薯花则开得晚，闭合得早。有的品种对光照和温度敏感，如光照温度发生变幻就不开花。特别是北方品种调到南方，往往见不到花，主要原因光照不足。

一般情况下在第一和第二花序开放时，地下部块茎进入旺盛膨大期，菜农们都知道根据开花的时间进行及时的水肥管理，以获得较高的产量。

第二节 马铃薯生长发育阶段

马铃薯整个生育期可分为发芽期、幼苗期、发棵期、结薯期、成熟期和休眠期6个时期。

1. 发芽期

发芽期从块茎幼芽萌动至出苗阶段。春薯播种后先发根后发芽，在适温条件下，出芽早、数量多，幼苗苗壮。发芽阶段叶片的分化全部完成，该期器官的建成以根系形成为中心，伴随幼芽的生长、叶和花原基分化。在发芽过程中，一般不需从外界吸收水分和养分。北方旱作区影响幼苗和根系生长的主要因素是温度和土壤水分。适宜的温度和土壤水分范围发芽、生根、出苗较快。种薯质量与栽培措施对发芽出苗有很大影响。幼嫩小整薯、脱毒薯，出苗整齐，幼苗健壮。提早催芽、出苗快而齐。深播浅覆土，地温高，通气好，出苗快。一般春季25~35 d，秋季10~20 d。

此阶段一播全苗是主攻目标，播种后要及时查苗补苗。查苗补苗是丰产的基础，缺苗断垄会影响产量，发现死苗、缺苗必须用预备苗补足。

2. 幼苗期

从出苗到第六叶或第八叶展平，完成1个叶序的生长为幼苗期，又称团棵。幼苗期经过的时间较短，一般15~20 d。幼苗期以根系、茎叶生长为中心，同时伴随着匍匐茎的形成和伸长，块茎尚未形成。多数品种在出苗后7~10 d匍匐茎伸长，5~10 d顶端开始膨大。该期茎叶鲜重占最大鲜重的5%~10%，茎叶干重占全生育期总干物重的2%~5%，当主茎生长点开始孕蕾，匍匐茎顶端停止极性生长并开始膨大，标志着幼苗期结束，块茎形成期开始。这段时期需15~25 d。幼苗期是承上启下的生育时期，是将来结薯的基础。营养的主要来源靠种薯继续供给和进行光合作用制造，对肥水十分敏感，氮素不足严重影响茎叶生长和产量的形成，缺磷、干旱会影响根系的发育和匍匐茎的形成。播种同时使用速效氮、磷肥做种肥，具有明显的增产效果。

该时期田间管理的重点是及早中耕浅培土，中晚熟品种追肥，促进根系发育，培育壮苗，为高产建立良好的物质基础。

3. 发棵期

从团棵开始到主茎顶叶（第十二叶或第十六叶），完成主茎第二轮叶序环。一般25~30 d。早熟品种以第一花序开花封顶，晚熟品种以第二花序开花封顶为该期结束的标志。发棵期是建立强大同化系统和转向块茎旺盛生长的重要时期。它是从以发棵为中心转到以结薯为中心的转折阶段，地下茎尖端变粗，块茎开始形成。

该时期的特点是单纯营养生长转到营养、生殖生长同时进行。地上部茎叶生长和块茎生长同时进行阶段。在这一时期，营养物质需要量急剧增加，根系吸收能力增强，叶面积迅速增大，光合功能旺盛，光合作用制造的有机物质向地下转移量开始增加。

该期间主茎节间急剧伸长，根系继续扩大，为进入块茎膨大期作准备，生长情况直接决定单株结薯多少。

此时期田间管理的重点是前期采取以肥水促茎叶生长，后期中耕、深培土，使植株的生长中心由茎叶生长为主转向以地下块茎膨大为主。如调控不好，会造成茎叶徒长，影响结薯。

4. 结薯期

发棵期结束后，进入结薯期，生长以块茎膨大增重为主。初期茎叶生长渐缓，块茎体积迅速增长，尤以开花期的 10 d 内膨大最快。地上部制造的养分不断向块茎输送，块茎的体积不断膨大，重量不断增加。继而叶片开始衰老变黄，甚至脱落，块茎体积基本稳定，但因积累淀粉而不断增重。该时期一般 30 ~ 50 d。

该时期田间管理的重点是加强病虫害管理，防止茎叶早衰，尽量延长茎叶的功能期，增加光合作用的时间和强度，使地下块茎能够积累更多的光合产物。

5. 成熟期

当植株茎叶开始衰老变黄时，即进入成熟期。该时期的特点是地上部向块茎中转运碳水化合物、蛋白质等，块茎日增重达最大值。淀粉的积累一直延续到茎叶全部枯死之前。此时期田间管理的重点是以减缓根、茎、叶衰老为目的。

6. 休眠期

春马铃薯植株叶片枯落或秋马铃薯因霜枯死，结薯期结束，块茎成熟，进入休眠期。收获后，在适宜发芽的环境条件中仍保持不发芽的状态，称生理性休眠，即自然休眠。休眠期长短因品种和环境而异，有的几乎无休眠期，有的 1~2 个月，长者达 4 个月。

发芽期经常遇到块茎休眠，不能及时发芽的情况。此时就要具体分析休眠的原因，并采取相应的措施。

休眠分自然休眠与强迫休眠 2 种。自然休眠是由遗传因素或薯块内脱落酸含量较多等内在因素引起的休眠，与发芽所需的温度等环境条件无关，称自然休眠。强迫休眠是薯块内部已具备发芽条件，只是由于发芽的温度、湿度等外部环境条件不具备而引起的休眠，称为强迫休眠。

低温、短日照有利于休眠剂的形成，相反，高温、长日照有利于生长刺激素的形成。马铃薯因品种不同，其休眠期长短与休眠强度也不同。休眠强度是指块茎在休眠期用人为方法打破休眠的难易程度。

第三节　马铃薯生长发育条件

一、温度条件

马铃薯的喜凉特性：马铃薯原产于南美洲安第斯山高山区，年平均气温为 5~10℃，最高月平均气温为 21℃左右，所以，马铃薯植株和块茎在生物学上就形成了只有在冷凉气候条件下才能很好生长的自然特性。特别是在结薯期，叶片中的光合产物，只有在夜间温度低的情况下才能积累输送到块茎中，因此，马铃薯非常适合在高寒、冷凉的地带种植。我国马铃薯的主产区大多分布在东北、华北北部、西北和西南高山区。虽然经人工驯化、培养，选育出早熟、中熟、晚熟等不同生育期的马铃薯品种，但在南方气温较高的地方，仍然要选择气温适宜的季节种植马铃薯，不然也不会有理想的收成。

马铃薯不同生育阶段对温度需求不同。种薯在土温4~5℃时生根，5~7℃时发芽，10~12℃以幼芽生长迅速而健壮，以18℃生长最好。通常，高温下播种时，先出芽后生根；低温下播种时，先长根后出芽。茎叶生长以20℃左右最适宜，30℃时茎细叶小，7℃时停止生长，受霜冻后开始枯萎。块茎膨大最适土温16~19℃，20℃时生长缓慢，25℃时几乎停止膨大，30℃左右时块茎停止生长。

二、水分条件

在马铃薯种植过程中，对水分的需求虽然没有其他农作物那么严格，但不同生育期，尤其是需水的关键时期做好水分管理对于高产至关重要。马铃薯播种后，发芽期芽条仅凭块茎内贮备的水分便能正常生长。待芽长出，根系须从土壤中吸收水分后才能正常出苗，此期土壤相对含水量50%~60%为宜。在干旱地区，马铃薯播种后覆盖地膜，有利于增温保墒，提高马铃薯出苗率。

马铃薯幼苗期，从出苗后到薯块快速膨大时，是合成和积累营养的重要时期，对水分的要求由小到大。幼苗期植株小，需水量不大，占一生总需水量的10%~15%，该时期适宜的土壤相对含水量为60%~70%，低于40%茎叶生长不良。若底叶发黄或卷曲时，说明马铃薯严重缺水，需要浇透水1次。

马铃薯现蕾至开花阶段，进入快速生长期，薯块开始形成膨大，需水量显著增加，约占全生育期需水量的30%。若是缺少水分，地下块茎膨大受到影响，导致营养的合成、产生、传导、积累困难，就会严重地影响马铃薯地下茎块的膨胀和形成，严重地影响产量。这时期缺水，马铃薯会出现早衰现象，黄叶萎蔫，植株倒伏等症状，对产量影响极大。

块茎增长阶段，块茎的生长从以细胞分裂为主转向以细胞体积增大为主，块茎迅速膨大，茎叶和块茎的生长都达到一生的高峰，需水量最大，也是马铃薯需水临界期。这时除要求土壤疏松透气，以减少块茎生长的阻力外，保持充足和均匀的土壤水分供给十分重要。该期土壤水分应保持在田间最大持水量的80%~85%。若水分供给不均匀，就会形成各种畸形薯。

在马铃薯生长发育后期，出现土壤墒情下降时，要及时浇水，避免马铃薯因干旱导致早衰现象，影响产量。最适宜的土壤相对含水量为80%左右，以后逐渐降低含水量。

收获时土壤相对含水量降至50%左右即可。后期水分多，容易造成烂薯，块茎中水分含量高降低耐贮性，影响产量和品质。

三、养分条件

养分条件对马铃薯高产非常重要，具体来说，马铃薯对钾肥需求量最大，对氮肥磷肥需求量最小，钙、镁、硫、铁、硼、锌等微量元素肥影响较大。吸收氮、磷、钾的量，按占总吸收量的百分比计，发芽期和幼苗期分别为6%、8%、9%，发棵期分别为38%、36%、36%，结薯期分别为56%、48%、55%。整个生育期中，吸收钾最多，氮次之，磷最少。一般情况下，每生产1 000 kg块茎，需从土壤中吸收4~6 kg纯氮、1.7~1.9 kg五氧化二磷、8~10 kg氧化钾。

1. 钾肥

钾可以加强植株体内的代谢过程，增强光合作用，延迟叶片的衰老进程，促进体内蛋白质、淀粉、纤维素的合成，增强抗寒和抗病性。马铃薯缺钾的时候会造成马铃薯生长缓慢或者停滞生长，叶片向下卷曲，表面比较粗糙，随后叶片变黄，最后是全部叶片变为古铜色。此外还会造成根系发育不良，马铃薯变小，内部变灰色影响品质。

钾肥一般在追肥时施用，如果早期底肥不够充足，中后期就要以钾肥为主，划分成 2 次施用，主要在齐苗期和现蕾期各 1 次，实现早发，促进光合作用的提高。在日常管理中发现马铃薯植株出现缺钾症状时，要及时用 0.1%~0.3% 的磷酸二氢钾水溶液进行叶面喷施，每隔 5~7 d 喷洒 1 次，连喷 2~3 次。

2. 氮肥

氮能使马铃薯茎叶生长繁茂，还可以促进根系的发育和提高马铃薯的抗旱能力，同化面积增大，净光合生产率提高，加速有机物质积累，提高块茎产量。植株缺氮，生长缓慢，茎秆细弱矮小，首先从植株基部叶片逐渐呈淡绿色至黄色向顶部叶片扩展，叶片变小而薄。严重缺氮，植株生长后期，基部老叶全部呈淡黄色或黄白色，只留顶部很少叶片。但是氮肥过多会造成马铃薯的旺长，田间比较郁闭，通风透光性下降，光合作用受阻，马铃薯的品质下降，影响马铃薯的正常形成和生长。

3. 磷肥

磷能促进植株体内各种物质的转化，增加块茎干物质和淀粉积累，提高氮肥的增产效果增强植株的抗旱、抗寒能力。生育初期缺磷，植株生长缓慢，矮小或细弱僵立，缺乏弹性，分枝减少，叶片变小而细长，向上卷曲，叶色暗绿无光泽；严重缺磷的植株基部叶片叶尖首先褪绿变褐，逐渐向全叶扩展，最后整个叶片枯萎脱落，并由下向上扩展到植株顶部。缺磷还会使根系和匍匐茎数量减少，根系变短，影响产量。磷肥充足的时候可以提高氮肥的利用率，让马铃薯在苗期的时候健壮生长，有利于植株体内的物质代谢和转化，促进马铃薯早熟，提高耐贮性和商品性。

为提高马铃薯产量，应重视磷肥施用，在播种时把速效性磷肥施入播种沟内，生育期间如发现缺磷，应及时向叶面喷施 0.1%~0.3%的过磷酸钙水溶液，每隔 5 d 喷 1 次，连喷 2~3 次。

4. 钙镁硫肥

钙镁硫等微量元素肥，对马铃薯的生长也是影响比较大，马铃薯缺钙的时候会造成上部叶片和侧面叶片变小，小叶片边缘向上皱缩和向上卷曲，造成畸形果，或者发生空心，黑心的。马铃薯缺镁肥的时候，会造成叶片的叶脉变为灰褐色，最后坏掉影响马铃薯的产量。钙镁硫等微量元素，主要用于根外追肥，结合当地的土壤肥力状况和马铃薯的生长状况适时进行根外施肥，此时期主要以高钾型冲施肥为主，一般随着花后 2 次浇水进行施用。

四、光照条件

马铃薯是喜光作物，光饱和点为 30 000~40 000 lx。光照强度大，叶片光合强度高，块茎形成早，块茎产量和淀粉含量均高。光照有 2 层含义，一是光照的强弱，二是日照的长短。长日照对茎叶生长和开花有利；短日照有利于养分积累和茎块膨大。一般短日照比长日照使茎的伸长停止较早，块茎发生较早，故秋马铃薯植株较矮，结薯期较早。

1. 光照强弱的影响

块茎在催芽时，需要黑暗条件，因光线会抑制芽的伸长、促使芽增粗、组织硬化和产生色素，出芽后立即放在有光照的地方可培育出健壮幼芽。光照不足或播种密度太高植株过于荫蔽遮光，会易引起茎叶徒长，削弱抗病能力，影响开花结果，延迟块茎形成。在长日照条件下，茎叶、花果及匍匐茎生长快速，而短日照则有利于块茎形成。对日照的反应依品种不同而异。但过强光照下植株后期易出现早衰现象。一般早熟品种对日照长度的反应不敏感，在较长日照条件下亦可以结薯；晚熟品种则必须在短日照条件下才能形成块茎。

2. 日照长短（光周期）的影响

光周期对马铃薯植株生育和块茎形成及增长都有很大影响。每天日照时数超过15 h，茎叶生长繁茂，匍匐茎大量发生，但块茎延迟形成，产量下降；每天日照时数10 h以下，块茎形成早，但茎叶生长不良，产量降低。当一般日照时数为11~13 h时，植株发育正常，块茎形成早，同化产物向块茎运转快，块茎产量高。早熟品种对日照反应不敏感，在春季和初夏的长日照条件下，对块茎的形成和膨大影响不大，晚熟品种则必须在12 h以下的短日照条件下才能形成块茎。

3. 日照长度、光照强度和温度的互作效应

高温促进茎伸长，不利于叶片和块茎的发育，特别是在弱光下更为显著，但高温的不利影响，短日照可以抵消，能使茎矮壮，叶片肥大，块茎形成早。因此，高温短日照下块茎的产量往往比高温长日照下高。高温、弱光和长日照条件，则使茎叶徒长，匍匐茎伸长，甚至窜出地面形成地上枝条，块茎几乎不能形成。因此，幼苗期短日照、强光照和适当高温，有利于促根、壮苗和提早结薯；块茎形成期长日照、强光照和适当高温，有利于建立强大的同化系统，形成繁茂的茎叶；块茎增长期及成熟期短日照、强光照和适当低温和较大的昼夜温差，有利于同化产物向块茎运转，促进块茎增长和淀粉积累，从而达到高产优质的目的。

五、土壤条件

马铃薯喜土层深厚、质地疏松、排水便利、通气良好、富含有机质的轻砂壤土。轻松肥沃土壤是保证马铃薯根系发育和块茎膨大的重要条件。适应pH值4.8~7.1，pH值5.5~6.5时适于块茎生长。在碱性土壤中块茎易发疮痂病。砂壤土疏松透气，回温快，有利于马铃薯及时出苗，便于根系的生长和块茎的膨大。便于耕作，收获方便，薯块干净，表皮光滑，商品性好。但砂壤土通透性好，因此水蒸发速度快，需要较好的水浇条件及时补充水分。黏重土壤保水性强，但通透性不良，不利于耕作，湿度大黏性大，湿度小容易形成坷垃，不利于根系发育，从而影响植株生长，最终影响薯块的生长发育。

第三章

马铃薯脱毒种薯

第一节　种薯退化及解决途径

一、马铃薯种薯退化

连续种植马铃薯数年后，会出现长势衰退、茎叶病态、产量和品质降低的现象。具体表现为植株矮化或叶片卷曲、皱缩或黄绿相间的花叶、斑驳、条斑，严重时叶片背面出现脉坏死、叶片萎蔫枯死，甚至脱落，同时地下块茎逐渐变小，部分块茎切开后可见褐色网纹状坏死，失去食用价值。马铃薯芽眼开始出现坏死，产量明显降低，把这种现象称为马铃薯退化。尤其是马铃薯种植期内温度相对较高，退化速度更快，需要年年更换种薯。

马铃薯种性退化现象主要是由于种薯受多种传染性病毒侵染引起的。马铃薯以块茎（薯块）进行无性繁殖，一旦感染了病毒，就会在植株体内增殖，并通过输导组织运转，积累到新生营养器官（块茎、块根）中。凡用感染病毒的营养器官作种，就会一代代（无性世代）传播下去，并逐年加重扩大为害。而块茎又不能从自身中排除病毒，因而导致种薯退化，大幅减产，使品种失去原有的生产潜力。马铃薯病毒病犹如癌症，一旦感病就终身带毒，无法用药剂防治，必定会造成严重的产量损失和品质降低，最终导致经济效益低下，使生产无法进行。

马铃薯病毒病在我国普遍发生，其退化快慢与程度依地域而明显不同。一般海拔高、地理纬度高、气候冷凉地区或高寒区程度轻而慢，品种的优良种性保持的年限长，故生产上应用的年限也长；而低纬度、低海拔、气温高的平川地区则退化快，且严重，一个好的品种只能种植 2 年、3 年，有的甚至仅能种植 1 年，就不能继续种植了。在马铃薯生产的诸多影响因素中，种薯退化所引起的产量损失一般高达 30% 以上，并且有加重的趋势。

解决种薯退化不仅是世界也是我国马铃薯生产发展的关键问题。

二、马铃薯病毒种类及传播

马铃薯病毒病在马铃薯种植区域均有发生，发生普遍。目前已知感染马铃薯的病毒约有 18 种，类病毒 1 种，类菌原体 2 种。18 种病毒中有 9 种是专门寄生在马铃薯上的病毒，我国现已发现其中 7 种，分别为马铃薯 X 病毒（PVX）、马铃薯 Y 病毒（PVY）、马铃薯 S 病毒（PVS）、马铃薯 M 病毒（PVM）、马铃薯奥古巴花叶病毒（PAMV）、马铃薯 A 病毒（PVA）和马铃薯卷叶病毒（PLRV）；另外 9 种侵染马铃薯的病毒均为来自其他寄主植物的病毒，目前国内发现并报道的只有其中 3 种，即苜蓿花叶病毒（AMV）、烟草脆裂病毒（TRV）和烟草坏死病毒（TNV）。自然侵染马铃薯的类病毒为马铃薯纺锤块茎类病毒（PSTVd），是一种游离的低分子量核糖核酸，无蛋白质外壳，可引起马铃薯束顶病。侵染马铃薯的还有支原体，如马铃薯丛枝病等。到目前为止还很少发现有其他植物像马铃薯这样感染如此多的病毒。

马铃薯病毒的传播方法主要有汁液（接触）传播、昆虫媒介生物传播、繁殖材料传播等。

1. 昆虫传播

传播马铃薯病毒的昆虫主要有蚜虫、叶蝉、跳甲、粉虱等，以蚜虫最为普遍。蚜虫传播植物病毒的能力非常强，可以传播自然界中超过 60% 的植物病毒。植物病毒、蚜虫、寄主植物三者间形成的生态关系非常复杂，其中蚜虫无疑是最为重要的一环，它不仅可以直接为害寄主植物，还可以传播植物病毒。在完整的生活周期内，较明显的有翅蚜至少会出现 3 次迁飞，分别出现在春季、夏季和秋季。蚜虫的生活习性将会造成马铃薯生产中病毒病的广泛传播，从而造成马铃薯尤其是种薯中病毒含量增加，质量下降。

蚜虫又以桃蚜传毒为主，传播持久性病毒（马铃薯卷叶病毒）和非持久性病毒（X病毒、A病毒、M病毒和S病毒的一些株系）。蚜虫取食病株后，病毒保存在吻针上，不进入体内，再取食健康植株时可通过吻针传毒，这种传毒方式为非持久性传播。蚜虫取食病株时，病毒进入蚜虫体内，最少经过1 h之后再取食健康植株时才能传毒，这种方式为持久性传播。持久性病毒需在蚜虫体内繁殖，而后经吻针传毒，不像非持久性病毒可在取食后瞬间传毒。粉虱可传播Y病毒；咀嚼式口器的害虫可传播X病毒和纺锤块茎类病毒；叶蝉可传播紫顶萎蔫病。

昆虫传播病毒的过程可分为几个时期：①获毒（取食）期，指介体获得病毒所需的取食时间；②循回期，指介体从获得病毒到能传播病毒的时间，即病毒在介体昆虫体内有一个循回过程（病毒在进入虫体以后须经过食道、脂肪体、中肠再到达唾液腺才能再传染的一个时期），在循回型关系中也称潜伏期；③接毒（取食）期，指介体传毒所需的取食时间；④持毒期，指介体能保持传毒能力的时间。

2. 接触传播

由于田间植株间接触，农事操作人员的行走或农机具污染及动物活动等造成病毒传播。可通过病株与健康植株摩擦等产生的伤口传播，又称为机械传播或汁液传播。接触传毒的方式是多种多样的。由于病毒存在于表皮细胞，浓度高、稳定性强，如田间健康植株与病株枝叶接触，因风的吹动可使病株与健康植株相互摩擦感染病毒。在贮藏过程或催芽后，健康的块茎幼芽与感染病毒的幼芽在运输过程摩擦也可传病。人在田间操作时用的农具和人的衣物接触病株经摩擦带毒后又与健康植株接触，可把病毒带到健康植株上。用切刀切割种薯时，切了病薯又切割健康种薯，即可使健康种薯感病。通过接触可传播的病毒有马铃薯 X 病毒、S 病毒、A 病毒和纺锤形块茎类病毒等。Y 病毒可在田间植株与植株间接触传播，据研究不通过切刀传播。

3. 线虫传播

线虫通过口针取食时可把病毒吸入体内，再于健康植株幼根上取食时传入病毒。

4. 真菌传播

真菌传播病毒就是常说的土壤传播病毒。土壤传毒并不是土壤本身传播病毒，而是土壤中的线虫或真菌孢子可以把病毒传染给健康植株。真菌孢子在土壤中存活的时间因病毒种类不同有很大差异。其中传播马铃薯 X 病毒的癌肿病菌在土壤中可存活 20 年。

5. 繁殖材料传播

通过块茎、种苗和种子这些繁殖材料来传播病毒。具有寄生性的马铃薯病毒都是通过感染植株上的块茎进行传播的，只有 PSTVd 是通过种子或花粉进行传播的。目前已知有 15 种病毒和类病毒是通过种薯传播。

三、解决种薯退化的主要途径

马铃薯病毒的增殖与植物正常代谢极为密切，病毒病不像真菌或细菌那样有治疗的可能，目前还未发现既能治疗病毒又不损伤植株的药剂。对病毒病的防治主要取决于我们对不同病毒和影响其传播的生态因子的认识，对于马铃薯有 2 种控制病毒病的途径：培育抗病毒品种和生产健康种薯。

1. 抗病毒育种

抗病育种是最经济、最有效的防治方法，主要有常规育种和生物技术工程育种，重点解决世界上对马铃薯为害最大的 PVX、PVY、PLRV 以及 PSTVd。研究工作者采用抗病毒常规育种手段，现已从各种马铃薯种质资源中发现了病毒抗原，为抗病毒育种奠定了基础。通过有性杂交，国内外已育成具有不同抗性的马铃薯抗病毒品种。但受到专一性抗原的限制和有性杂交中性状重组的复杂性及鉴定手段的制约，人们所期望的能抗多种病毒病（即抗退化）的品种尚未能育成。目前利用生物技术在马铃薯抗病毒育种上进行了有益的尝试，但还没能用于解决退化问题。

2. 应用脱毒技术

对马铃薯病毒病的控制主要依赖于防止毒源的形成、发展和传播。只有当我们能源源不断提供和应用完全脱除了某些主要病毒（事实上也包括其余病害）的种薯时，马铃薯生产才有可能正常进行和取得理想经济效益。病毒病防治手段多种多样，其中利用脱毒技术生产脱毒种薯清除病毒毒源，是防止马铃薯退化最为主要的途径。

马铃薯脱毒的核心技术是茎尖组织培养（又叫分生组织培养）脱毒技术。这是指在无菌操作条件下，经过茎尖剥离脱去主要为害马铃薯的病毒病及真菌、细菌性病害，将茎尖组培苗繁殖后进行病毒检测，淘汰仍带有病毒的茎尖苗，保留确实无病毒的茎尖苗进行继代繁殖种苗和种薯用于生产。这一技术已经过相当长的实践，比较成熟和完善。它的依据是一株被侵染的植株中并不是所有的细胞都带有病毒，在植株 0.1~0.3 mm 茎尖分生组织中不含有病毒或病毒含量很少。采用茎尖组织培养技术并不能脱除所有病毒，可以脱除 PLRV、PVY、PVX、PVS、PVA、PVM 和 PAMV。其中 PVX 和 PVS 最难脱除，但在茎尖脱毒前进行热处理，可提高 PVX 和 PVS 的脱毒率 67%。PSTVd 很难通过茎尖剥离技术脱除，在利用抗性育种和基因工程育种没有得到很好应用的条件下，通过严格鉴定淘汰 PSTVd，筛选无类病毒种薯进行种薯生产，建立严格科学的种薯生产体系是防治该病的有效途径。

　　脱毒种薯与带毒种薯相比，脱毒种薯后代植株叶片的叶绿素含量高，因而光合强度、光饱和点显著提高，而呼吸强度却低 24.8%；并且叶片活性强，植株衰老慢，绿叶功能期延长，可较长时间为块茎制造营养物质，田间表现为植株生长健壮、旺盛。脱毒植株叶片束缚水和自由水含量均高于带毒植株，使植株水分代谢协调，抗高温干旱能力增强。脱毒后植株吸收氮、磷、钾能力增强，块茎中淀粉磷酸化酶活性强，促进了淀粉合成和干物质积累，所结块茎个大、整齐、规整、表皮光滑、营养物质含量高。脱毒种薯恢复了马铃薯品种原有的优良特征特性，同时，在脱毒过程中也去除了真菌和细菌，避免和减轻了这些病害的影响，使植株正常生长发育，充分发挥品种的增产潜力和体现优质商品性，具有明显地提高产量和质量的作用。我国大面积应用结果表明，使用马铃薯脱毒种薯一般比没脱毒的增产 30%~50%，比严重退化的成倍增产。

　　目前，利用马铃薯脱毒技术生产种薯，是世界上普遍采用的解决种薯退化，保持优良品种种性的最好技术，它大大延长了品种的使用年限，发挥了品种的优质高产高效作用。采用马铃薯脱毒种薯在发达国家已形成法规制度，但在发展中国家由于受经济条件的限制还不能全面应用于生产。我国从 20 世纪 70 年代开始研究和利用脱毒种薯，已形成了一整套先进的马铃薯脱毒种薯生产技术体系，跨入世界先进行列，并推广应用到所有马铃薯产区，极大地提高了马铃薯生产水平。但由于生产上脱毒种薯的超代使用、再次退化、检测体系不完善和用种量大等原因，影响了脱毒种薯应用的效果。现在，以微型薯规模化生产为核心的马铃薯脱毒种薯繁育推广新体系和质量监督体系正在形成，它将进一步提高繁殖系数、缩短繁种周期、降低生产成本，提高种薯质量，实现标准化、规模化、专业化生产，加快脱毒种薯推广应用速度，并与国际接轨，形成种薯优势产业。

第二节　脱毒种薯级别和质量标准

一、种薯分级

世界上生产马铃薯的国家均有其自有的种薯分级办法。例如，荷兰把基础种薯分为3级（S、SE和E级），合格种薯分为3级（A、B、C级），共分为6级。充分参考国外种薯生产先进成熟的经验，结合我国脱毒种薯生产中遇到的实际情况，目前，我国马铃薯脱毒种薯级别的划分办法与质量要求为原原种（Go）、原种（G）、一级种（G_2）和二级种（G_3）。

原原种：用脱毒苗在容器内生产的试管薯和在防虫温室、网棚内采用无土栽培技术生产的无马铃薯花叶型、卷叶型和纺锤块茎类病毒及真菌、细菌，符合质量标准的种薯或1~15 g的小薯（习惯上叫微型薯）。由于成本高，一般不直接用于生产商品薯。

原种：用原原种作种薯，在良好隔离条件下生产出的符合质量标准的种薯。

一级种：指由原种在良好隔离环境下生产出的符合质量标准的种薯。

二级种：指由一级种在良好隔离环境下生产出的符合质量标准的种薯。

二、种薯分级的依据

种薯分级的主要依据，除考虑所用脱毒组培苗材料的快繁年限及转接代数和种薯的生产环境条件外，还要结合田间检验及收获后块茎检验结果等。

1. 脱毒组培苗快繁年限及转接代数

长期继代培养的脱毒种苗有可能再次感染病毒和真菌、细菌。真菌、细菌的侵染主要是由于环境条件、操作不规范所致。而病毒的出现主要是因为植株茎尖剥离后体内病毒含量非常少，加上一些弱致病系病毒在血清检测时不发生反应，检测不到，脱毒种苗多次继代后，病毒逐渐积累，从而再次出现病毒侵染症状；或者由于操作不规范及其他一些原因造成病毒再次侵染。同时，脱毒种苗在离体条件下多次继代，还有可能产生芽变。因此，脱毒组培苗材料在快繁一定年限和转接代数以后，无论是否感染病毒，均不宜再作为基础苗进行快繁生产。只有这样，才能保证种苗旺盛的生理活性，生产的种薯依靠源源不断的健康优良脱毒组培苗供应。建议种薯繁育单位每2年要更换1次脱毒组培苗，当脱毒组培苗快繁25～30代时，必须更换组培苗。新组培苗应由有关检验机构对各种可侵染马铃薯的病毒进行检测，同时还要对快繁生产的脱毒组培苗进行品种纯度、质量、品种性状的检测鉴定。

为提高马铃薯脱毒基础苗质量，可将基础苗转接到MS+4%甘露醇+3%蔗糖+0.7%琼脂（pH值为5.8）保存培养基上。减少转接频率，延长脱毒种苗的使用寿命。

2. 田间检验

马铃薯脱毒种薯繁育田间检验的主要项目如下。

（1）品种的典型性。用于种薯生产的品种，必须经过田间生物学性状的真实性鉴定试验，确认具有该品种典型的特征特性。

（2）品种纯度。原原种和原种要求品种纯度为100%；一级种和二级种纯度达到99%。

（3）病害。田间植株表现症状的病害主要包括病毒病、晚疫病、早疫病、黑痣病、黑胫病、疮痂病、枯萎病、环腐病等。对于这些病害，各级种薯都规定有最高的允许发病率。超过最大允许率，种薯田便要相应降级或淘汰。

3. 块茎检验

经田间检验定为原种的都要进行块茎检验，定为良种的如果在通知的收获日期之前打秧，可免于块茎检验。一旦进行块茎检验，则依块茎检验结果确定种薯级别。由于病毒病和真菌、细菌病害的潜伏侵染特性，肉眼无法诊查，要与室内检验相结合，最好以室内检验结果为主。

三、马铃薯脱毒种薯质量标准

1. 种薯健康

健康是马铃薯脱毒种薯繁育生产的核心，也是鉴别质量的唯一标准。所谓健康种薯就是指块茎无病毒和病害感染、无碰伤、无缺损、无冻烂、无生理性病害等。关于种薯健康标准，我国暂无统一规定。目前大家普遍采用的标准如下。

原原种：大小规格以 2~12 g 为准，品种纯度100%，不带病，退化株率为 0。

原种：品种纯度 99%以上，退化株率 1%以下，真菌、细菌病薯率 0.1%以下。

一级良种：品种纯度 97%以上，退化株率 3%以下，真菌、细菌病薯率 1%以下。

二级良种：品种纯度 95%以上，退化株率 5%以下，真菌、细菌病薯率 2%以下。

2. 种薯产量

种薯生产者以追求较高的产量为目标，但最重要的是要追求高质量的种薯。种薯质量排第一位，为了保证质量，可以采取延迟播种、控制氮肥施用量、及时淘汰田间发病或生长不正常的植株、提早收获等一系列影响产量的措施。提高繁育种薯的产量，可以降低繁种成本，提高经济效益，但如果只是一味追求高产而放松对质量的控制，种薯质量达不到国家或地方标准，就会遭到降级处理或作为商品薯，那么经济收入反而会更少。因此，在马铃薯脱毒种薯繁育生产中，产量一定要以保证种薯质量为前提，采用科学的栽培管理措施，生产出质量符合国家或地方标准，高产优质的马铃薯脱毒种薯。

3. 种薯大小

马铃薯种薯直接供给幼苗生长所需的水分和营养物质。脱毒种薯的大小不仅直接影响产量，更重要的是与种薯质量有关。除原原种外，关于种薯的适宜大小问题，国内外有很多研究报告都指出，整薯播种有利于病虫害的防控和机械化播种。因此，发达国家基本上都在使用整薯播种。如日本的种薯标准最小重量为 10 g/粒，最大为 80 g/粒；俄罗斯种薯标准为 60~80 g/粒；由于荷兰有良好的生态自然条件和严格的种薯生产管理制度，种薯标准按种薯大小区分，分为直径 2.8~3.5 cm、3.5~4.5 cm、4.5~5.5 cm，鼓励种薯繁育者生产未完全老化成熟小种薯。因此，脱毒种薯繁育生产的栽培管理原则是在合理密度内争取最大限度的密植栽培，保证单位面积上的足够植株数，采取催芽蹲芽技术和整薯早播的方法，增加每穴的主茎数，提高单穴的结薯数量；同时还要适当深播，进行分层多次培土，促进主茎的结薯层数和单株结薯数。

第三节　脱毒种薯繁育体系

一、脱毒种薯繁育体系建设

马铃薯脱毒种薯繁育体系指用茎尖培养或其他措施去除植株体内的病原，获得无病毒的试管苗，经扩繁生产出无病毒试管薯或脱毒微型薯原原种，在具备良好隔离条件的基地上生产出原种，再通过一个防止再感染的繁育和输送体系逐级向下输送，经过几个繁殖周期直到生产者手中，源源不断地为商品薯生产提供健康无病毒的种薯。因此，脱毒种薯生产不是简单地扩繁，而是由脱毒、快繁、种薯生产基地、生产体系、种薯栽培技术及种薯质量检验和定级等各个环节组成的系统工程。在整个体系中应用了生物组织培养、病毒生物检测、环境控制、无土栽培等多项高新技术，是目前世界上保持品种纯度、延长品种使用期限和发挥品种增产潜力的重要保障体系，也是农业生产上的一次革命。美国、加拿大等国应用脱毒繁育体系使'褐色布尔班克''抗疫白'等优良品种在生产上种植了100多年，直到现在仍为主栽品种。

多年来，我国经过几代科学家和有关技术推广人员的努力，在总结国外经验的基础上，结合我国马铃薯产区不同的地理、气候及种植特点，主要依托科研院所建立和不断完善适合国情的马铃薯脱毒种薯繁育体系，取得了显著的经济社会效益，极大地促进了农业科技进步和产业发展。从全国来看，繁育体系建设趋于缩短繁种周期、优质化应用和多元化生产方向发展。我国大部分地区由于自然条件的原因均不适宜就地留种，主要依靠北方部分地区生产供应脱毒种薯。

二、北方一季作区脱毒种薯繁育体系

北方马铃薯一季作区不仅是我国的主产区，也是重要的脱毒种薯生产基地，除解决当地种薯需求外，还要为南方、中原等不能留种或繁种条件差的地区供应大量种薯。该区气候冷凉，传毒媒介少。很适合马铃薯生长发育。其中50%以上产区有一般留种条件，最适合马铃薯种薯生产的地区仅占10%~20%，如山西北部、内蒙古中北部、黑龙江和甘肃等省份的部分地区。他们在脱毒、组培、快繁及原原种工厂化生产技术方面已处于全国领先并接近世界先进水平，种薯生产体系也在逐步建立和完善，种薯生产基地都安排在高纬度、高海拔、自然隔离条件好、无蚜虫、或蚜虫少、或迁飞不到的地区，生产的种薯退化轻而慢，质量好，很受生产者欢迎，也具有一定国际竞争力。

该地区建立的马铃薯脱毒种薯繁育体系多为4年4级制（图7）。由仪器设备配置先进、技术力量强的科研单位和脱毒中心进行茎尖组织培养和病毒检测，统一将脱毒试管苗提供给有良好设施条件的省或市、县脱毒快繁中心，指导其在无菌条件下切段扩繁脱毒苗，在防虫温室或防虫网棚内采用无土栽培工厂化生产技术集约化繁殖微型薯原原种，在网棚内繁殖一级原种，以确保种源质量和数量。然后由县级农技推广部门负责，选择高海拔、隔离或自然屏障优良的无蚜或少蚜的高山冷凉地区的良种场、原种基地繁殖二级原种，为下一级繁殖合格种薯提供原种。再由乡镇农技部门负责在地处高海拔、具有较好隔离条件的地区大面积进行一级、二级种薯生产。在整个种薯繁殖过程中都严格执行符合国家《马铃薯脱毒种薯》质量标准要求的地方或企业繁种操作规程，重点是防止病毒再侵染和真菌、细菌病害发生。一般繁种系数1：(10~15)，也就是第一年繁殖1亩种薯，翌年可供10~15亩地用种。

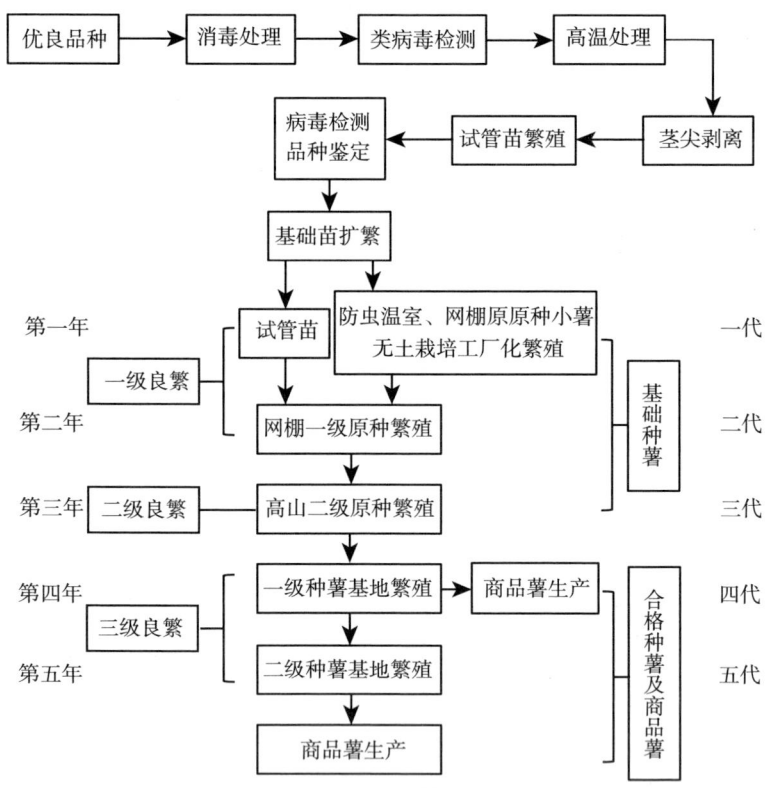

图7 北方一季作区马铃薯脱毒种薯三级繁育体系示意图

为了提高脱毒种薯质量和最大限度发挥增产潜力，加快脱毒种薯应用速度，许多繁种单位实行3年3级繁种体系，即原原种、原种、良种，并极力降低繁种成本，加大力度完善病毒检测及质量认证体系，规范种薯市场管理，极力为生产上提供合格种薯，避免部分地区农民自繁、自留、串换或超代应用脱毒种薯而引起增产率低的问题发生，使脱毒技术被广大种植户普遍接受和受益。

三、中原二季作区脱毒种薯繁育体系

中原二季作区是我国马铃薯鲜薯出口和北方马铃薯淡季市场供应的主要产区。该区域气候温暖湿润，年平均气温一般在15℃以上，有利于蚜虫的传播和繁殖，传毒媒介多，病原较繁杂，马铃薯退化快且较为严重，留种难度较大，但目前马铃薯生产发展迅速，对早熟优质种薯需求量大，要求高，每年都需调进大量种薯。为此，以山东省农业科学院蔬菜研究所为代表研究建立了中原二季作区脱毒种薯良繁体系，对解决就地留种发挥了一定作用。

该区实行 2 年 4 级制马铃薯脱毒种薯繁育体系（图 8），即利用春、秋两季气温较低的条件，根据蚜虫迁飞规律配合适当防虫隔离措施，繁育当地需要的早熟品种脱毒种薯。春季种薯生产采用阳畦或大拱棚+小拱棚+地膜的三膜覆盖保护栽培措施，比正常播期提早 45 d 播种，于蚜虫迁飞前收获种薯；秋季适当晚播晚收，收到了良好的防退化效果。春季繁种率为 1∶5，供秋季用种。秋季繁种率可提高到 1∶10，供下年春季繁种或生产用种。但是该体系保护设施面积大，成本高，因此，近年将本地原原种、原种保护地繁殖与北方一季作区开放式二级原种繁殖相结合，2 年繁育 3 代后供大田商品薯生产，或者降低当地繁种代数，用 1 年时间繁种，将一级原种直接用于大田生产。这些改进模式重点是加强繁种中后期管理，提高种薯质量。

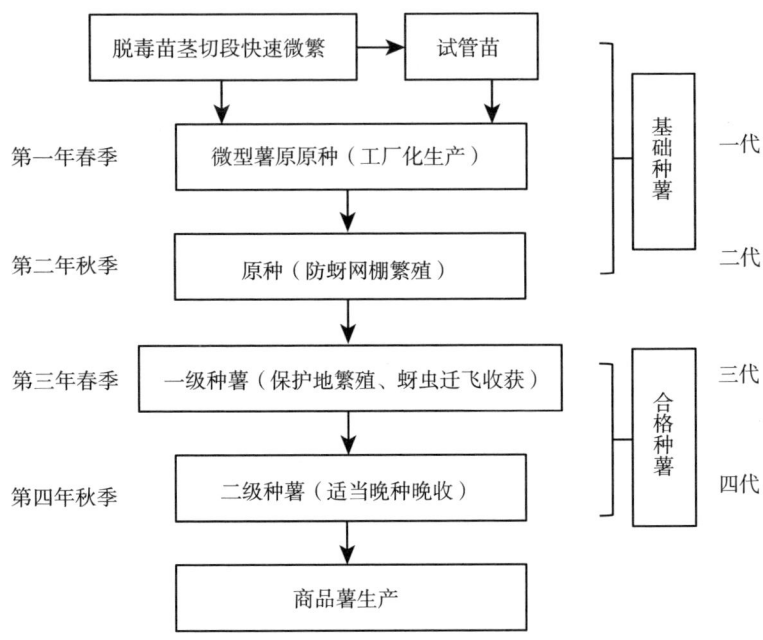

图8 中原二季作区马铃薯脱毒种薯繁育体系示意图

四、脱毒种薯生产技术要求

1. 原原种繁殖

有基质的微型薯原原种在防虫温室、防虫网棚内采用无土栽培方式繁育，所用蛭石或草炭土等栽培基质及生产工具、设施均要经过严格消毒，基质只能使用一次，严禁重复使用带菌基质；生产期间要加强水肥管理，定期喷药防蚜，用杀菌剂防治晚疫病及其他病害，及时拔除病、杂株。

2. 原种和良种生产

原种及良种一般选择开放式隔离条件繁殖，多在高海拔、高纬度的冷凉地区进行，重点是避蚜防蚜，防止病毒再次侵染退化及真菌、细菌病害发生。

（1）基地选择及繁种田设置。选择高纬度、高海拔、气候冷凉、风速大、隔离条件好、蚜虫较少或蚜虫迁飞不到或不易降落的区域，或以森林为天然屏障的隔离地带和无传播病毒和真细菌病害的土地作为繁种基地。其中，蚜虫传毒媒介的多少至关重要，它是衡量基地优劣的重要指标，常以马铃薯生育期内用黄板诱来的有翅蚜的量、高峰出现日期（峰日）及高峰日诱蚜量（峰值）等指标来评价。一般总蚜量（生育期内单块黄板诱蚜量）在100头左右或以下，峰值在20头左右或以下为好。要求种薯田的周围有良好的防虫、防病隔离条件，至少9 000 hm² 内没有马铃薯生产田及茄科植物等相同病害的传染源。在无自然隔离条件下，原种生产田应距离马铃薯、茄科及十字花科作物和桃园5 000 m，合格种薯生产田距离上述作物和桃园500 m以上。不同级别的马铃薯及茄科作物禁止在同一地块或相邻地块种植。种薯田必须实行3年以上无茄科作物、生姜的轮作制度，前茬以禾本科或豆科作物为好。种薯田应选择肥力较好、土壤疏松、排水良好的砂壤土或壤土。原种田要适当留有操作行，以防人为传播病害。网棚内繁殖一级原种，最重要的是要做到土壤没有病害侵染源，骨架应为移动式，避免重茬连作，出现土壤病害。

（2）种薯精选处理。选择无畸形、机械损伤、病薯及杂薯的健壮、适龄种薯，进行播前催芽，并在适温、散射光条件下壮芽。原种田应采用整薯播种，其他级别种薯田，依薯块大小而定，一般切块大小30~50 g，必须采用酒精或高锰酸钾进行切刀消毒手段防止病害传播，并注意使伤口愈合，防止切块腐烂，必要时进行药剂处理。

（3）播种施肥。根据品种、气候、种植方式等因素适时进行播种，种薯田应比一般生产田适当增加密度，以培植小种薯，增加结薯数,并提高繁殖倍数。种薯田应以有机肥作基肥,配施氮、磷、钾肥,适当控制氮肥用量,增施磷、钾肥,提高植株抗病性,避免植株贪青和增加感病机会,促进结薯及成熟,提早进入植株成龄抗性时期,禁止施用茄科植物残株沤制的肥料。

(4) 田间管理。作为种薯生产,除一般栽培技术外,还有一些特殊要求。在生产过程中,使用专用机械、工具进行施药、中耕、锄草、收获等一系列田间作业,并采取严格的消毒措施。田间按高级向低级种薯田的顺序进行操作,操作人员严格消毒,避免病害的人为传播。采取促进植株成龄抗病性形成的早熟栽培技术。适时灌水,保持土壤田间持水量65%~75%。苗期到现蕾期中耕培土2次,促进块茎形成、膨大,避免畸形、空心薯的产生。视苗情适当追肥,少量多次,防止植株徒长。在生育期间,进行2~3次拔除劣株、杂株和可疑株(包括地下部分)作业。

(5) 病虫害防治。重点防治晚疫病和蚜虫。根据预测预报,及时进行晚疫病药剂防治。原种田一般从出苗后3~4周即开始喷杀菌剂,每周1次,直至收获。良种田生育期应喷5~6次杀菌剂。利用黄板诱蚜器进行蚜虫测报,当出现5~10头有翅蚜时施用杀虫剂、每周喷1次。其他病虫应根据实际情况注意综合防治。及时拔除病株,将病株和其块茎装入袋内带出种薯田妥善处理,避免病害扩散传播。病虫害的防治要做好田间观察记载。

(6) 收获与贮藏管理。应要根据病虫害发生情况和块茎成熟度确定合适的收获期。主要根据有翅蚜虫迁飞规律来确定,避开蚜虫的活动盛期;在染病植株体内病毒侵染到块茎之前进行收获,而不能等到生理成熟才收获。实践证明,早收留种是减少种薯再染病毒的有效措施。当设在种薯田的黄板诱捕到2头有翅桃蚜后,7~10 d内应灭秧或收获,防止病毒转运到块茎。一般在茎叶枯黄期前两周去除杂株和病株,及时进行人工割秧或用

0.1%~0.2%硫酸铜溶液喷洒，杀死茎叶，防止地上部病菌侵入块茎。灭秧后10~15 d收获，以加速薯皮木栓化。收获前要准备好农机具和足够的筐篓，还要准备种薯预贮场所等。收获应选择晴天进行，操作中要尽量防止机械混杂和损伤，注意防暴晒、防雨淋和防冻。在种薯收获和贮藏中，要采取严格的预防消毒措施。种薯收获后要进行预贮，严格淘汰病、烂、伤、杂及畸形薯，进行大小分级。贮藏场所和容器要彻底消毒、防虫、防鼠，不同品种、不同级别种薯要分别贮藏，容器内、外放置标签。种薯堆放高度低于库高的2/3。种薯要设专人保管，贮藏环境保持良好的通风和适宜的温度，长期贮藏温度2~4℃、相对湿度85%~90%。

（7）质量检验。严格的病毒检测和田间质量控制是保证脱毒种薯质量的关键环节。种薯质量检验部门根据 GB 18133—2012《马铃薯种薯》进行田间和室内检验，取得相应种薯级别合格证后方可作为种薯使用。

室内检验。按国家质量监控要求，脱毒试管苗每个株系和试管薯都要用酶联免疫吸附血清学方法、指示植物法、电子显微镜检测或几种方法配合检测 PVX、PVY、PVS 和 PLRV 等主要病毒，同时用往复双向聚丙烯酰胺凝胶电泳法或分子生物学方法检测 PSTVd。每次大量扩繁脱毒苗之前，必须对保存的底苗再进行病毒检测和筛选，全部表现阴性的脱毒苗才能作为扩繁的基础苗。并对茎尖组培苗进行田间株系选择，淘汰变异株，确保繁殖原原种的种源不带任何病菌及品种的真实性。

田间检验。原原种和原种生育期间要分别在植株现蕾期、盛花期、枯黄期前2周进行3次田间目测植株质量检验，检测马铃薯主要病毒病、类病毒病、细菌病、真菌病害及品种纯度。由繁种单位检验，做好检验记录并报检验部门备案，需复查时，由检验部门派人复核检验。一级种薯和二级种薯生育期间进行2次田间检验，检验时间与原原种和原种的第一、第二次检验时间相同，使各级别脱毒种薯田的植株带病指标符合表4要求。种薯销售时要随机抽取种薯总量1%的块茎样品进行质量检验，使一级、二级种薯的块茎质量指标达到表5要求。

表4 各级别脱毒种薯田间检查植株质量要求

项目	允许量（个/100个）		允许量（个/50kg）	
	原原种	原种	一级种	二级种
混杂	0	3	10	10
病毒和类病毒[a]	0	0	0	0
湿腐病	0	2	4	4
软腐病	0	1	2	2
环腐病	0	0	0	0
晚疫病	0	2	3	3
干腐病	0	3	5	5
粉痂病[b,c]	0	0	5	10
普通疮痂病[b]	2	10	20	25
黑痣病[b]	0	10	20	25
马铃薯块茎蛾	0	0	0	0
外部缺陷	1	5	10	15
冻伤	0	1	2	2
土壤和杂质[d]	0	1%	2%	2%

注：a指目测可识别的病毒病症状；b指病斑面积不超过块茎表面积的1/5；c指粉痂病在很多省份为检疫性病害；d指允许量按重量百分比计算。

表 5　各级别脱毒种薯出售前检查块茎质量要求

项目	允许率[a]（%）			
	原原种	原种	一级种	二级种
混杂	0	1.0	5.0	5.0
类病毒	0	0	0	0
Y 病毒	0	0.5	2.0	5.0
卷叶病毒	0	0.2	2.0	5.0
总病病毒[b]	0	1	5.0	10.0
青枯病	0	0	0.5	1.0
黑胫病/茎腐病	0	0.1	0.5	1.0
环腐病	0	0	0	0
马铃薯丛枝植原体	0	0	0	0
马铃薯甲虫	0	0	0	0

注：a 指所检测项目阳性样品占检测样品总数的百分比；b 表示所有病毒症状的植株。

各级别脱毒种薯带病毒株比率、带黑胫病和青枯病株比率以及混杂植株比率 3 项质量指标，任何 1 项不符合原来级别质量标准但又高于下一级别质量标准的，均按降低一级定级别。经检验定级合格，签发马铃薯脱毒种薯质量检验合格证书后方可进行销售活动。

五、提高脱毒种薯应用效果的主要措施

马铃薯脱毒种薯的品种保优和增产效果是全世界公认的，要使脱毒种薯长期发挥应有的作用，需要注意以下几点。

1. 及时更换脱毒种薯

脱毒种薯只能脱除掉侵入植物体内而仪器灵敏度能检测到的主要病毒，而检测不到的病毒在以后的继代繁殖中还会增殖、积累到可以为害的程度。同时马铃薯经脱毒之后，随着种植年代的增加，又会受到各种病毒的侵染，一旦被侵染则会迅速退化到未脱毒前的状况。脱毒种薯一经用于商品薯生产，就不能留作种用、若继续作为种薯使用，必将造成严重减产。据张家口市农业科学院曹守山介绍，脱毒种薯第一年（原原种）增产98.4%~106.6%；第二年（原种）增产68.0%~79.1%；第三年（一级种薯）增产46.0%~71.6%。所以，脱毒种薯不是一劳永逸的，要使生产赢利，必须及时更换种薯，采用健康种薯，切勿超代使用，避免因退化而造成不应有的损失。

2. 选择适当级别的脱毒种薯

马铃薯脱毒种薯级别越高，其增产效果越明显，但其繁种成本也相应地变高。若一味强调使用高级种薯，不仅增加种薯费用，而且还会造成种源浪费。所以，生产中应根据地域、季节、品种、用途和经济承受能力确定适宜的种薯使用级别，以提高产投比，达到经济实用、优质高产高效的目的。一般商品薯生产选用合格种薯即可、而油炸原料薯质量要求严格，但其品种的抗病性差、退化快、则应选用级别较高的种薯。

3. 采用小整薯播种

小种薯是利用壮龄期脱毒种薯（贮藏3.5~5.5个月，能萌发5~6个壮芽），适当加大种植密度和早收或秋季晚种晚收繁殖的25~75 g（山东用25~50 g；黑龙江用40~60 g）的壮龄脱毒种薯。它具有很强的顶端优势，用其进行整薯播种可以避免切块时切刀消毒不严格而传播病毒和细菌、真菌病原菌，从源头上有效地降低植株的发病概率，减少晚疫病等病害的感染和传播。不仅减少切薯用工量，还减少用种量，如选用 10 g 重的种薯，亩留苗 4 330 株用种量为 47 kg；选用 15 g 种薯，亩用种为 65 kg，相应地降低了种薯调运费用。小整薯播种还有利于保存块茎的水分和养分、芽和幼苗抗旱耐寒，出苗早而整齐，易形成壮苗。小整薯属于幼龄薯，生命力旺盛，植株长势强壮，产量明显高于切块播种，增产幅度高达 15%~39%。在荷兰，2.8~3.5 cm 小种薯较 4.5~5.5 cm 种薯的价格高 1 倍，大种薯的价格只有小种薯的 1/3。而在我国生产小种薯，利用小种薯将是种薯生产技术、种薯价格和观念上的一次重大转变。

4. 应用综合配套栽培技术

脱毒种薯只能解决退化问题，要实现优质高产，还必须实行良种良法综合配套技术生产，进行科学栽培管理，为植株正常生长发育创造适宜的水、肥、气、热、光和土壤条件，切断和控制各种病毒传播途径，及时防治蚜虫及其他病虫害，只有这样才能充分发挥脱毒种薯的增产潜力。

5. 通过正规渠道购种

脱毒种薯是在严格地防止病毒再侵染条件下繁殖的，但外表与一般商品薯没什么大的区别。因此使用者应到有马铃薯脱毒种薯生产经营许可证、种薯繁育体系健全的供种单位选购合格种薯。否则，可能会造成经济损失。

第四章

马铃薯栽培技术

第一节　地膜覆盖栽培技术

地膜覆盖栽培技术具有明显的增温、保墒、提墒作用，有利于微生物在土壤中活动，加速肥料分解，改善土壤结构，促进根系生长，同时能够抑制杂草生长，在连续降雨的情况下还有降低湿度的功能，减轻病害发生的作用，从而提升植株长势，增加产量。春季低温期间采用地膜覆盖白天受阳光照射后，0~10 cm 深的土层内可提高温度 1~6℃，最高可达 8℃以上。地膜覆盖的增温效应因覆盖时期、覆盖方式、天气条件及地膜种类不同而异。地膜覆盖种植比一般露地种植增产 20%以上，大薯率提高 25%左右。但是地膜覆盖栽培中也会相应产生一些不良影响，如多年覆盖地膜，残膜清除不净，造成土壤污染。由于盖膜后有机质分解快，作物利用率高，肥料补充的少，使土地肥力下降或因覆盖膜的管理不当也会造成早熟不增产，甚至有减产现象。在旱砂地、贫瘠土地、重黏质土地上，不宜采用地膜覆盖栽培。因此，采用地膜覆盖栽培必须掌握一定条件才能达到早熟高产，稳产的目的。北方一季作区和二季作区可大面积推广该项技术。

一、种植形式

地膜覆盖栽培技术可采用先种后覆膜，也可采用先覆膜后种。先种后覆膜：整地→开沟→施肥农药→播种→作畦（床）→喷除草剂→覆膜→引苗及管理。先覆膜后种：整地→开沟→施肥农药→作畦（床）→喷除草剂→覆膜→播种→引苗及管理。作畦主要采用一垄单双行、宽窄行种植方式。

二、播种前

选地与整地。选择地势平坦（坡度 10°以下）土层深厚

(50 cm 以上)、土质疏松（保水肥性能良好，有浇灌条件更佳）、中等地力以上的地块。上年秋季进行深翻 17~25 cm，来不及秋翻要春翻，翻后及时进行耙、压、耢，达到深、松、平、净，无根渣、土石块、杂物，并有良好的墒情的程度。

施肥及施农药。结合耕地施足基肥，多施有机肥，播前适当浇水增加底墒。施用腐熟好的农家肥，种化肥施用参考量：①磷酸二铵 20 kg、尿素 8~10 kg、硫酸钾或氯化钾 8~10 kg。②施用 N、P、K 各 15% 的三元素或多元素复合肥 40 kg 或马铃薯专用肥 50 kg，加尿素 5~8 kg。地下害虫防治，选用谷秕或谷糠、麦麸子、玉米渣 2~3 kg，炒熟，拌 50% 辛硫磷乳油 50~100 g 或其他杀虫剂，开播种沟时均匀撒施在沟内，也可与农家肥、种化肥均匀撒施地表后耙入土中。

切块与消毒。选择高产、抗病、商品性好的早代脱毒种薯做种子。切块前要准备好 2 把刀、筐、手套等；刀具应轻便，刀口平整锋利，切块前用医用酒精或 0.5% 的高锰酸钾溶液进行消毒处理；筐、手套等用前放阳光下暴晒 2~3 d。切薯的场地事前要打扫干净，地面撒上生石灰粉消毒。一般要求每个种薯切块不得小于 20~25 g，以 25~30 g 为宜，切块过小，会影响幼苗发育，影响出苗质量。因此，少于 50 g 的种薯不要切块种植，应整薯播种；51~100 g 的种薯，用刀纵切成 2 块播种；101~150 g 的种薯，用刀纵切成 4 块播种。超过 150 g 的种薯，要根据芽眼的多少，纵切成若干个小块，应确保每个切块上至少有 1~2 个芽眼，以有 2 个芽眼为适，多保留马铃薯肉。种薯切块应注意：切成块，不可切成片；将薯肉切到芽眼块上，不能只将芽眼处的薯肉切上，将其余的薯肉弃之，更不可削皮取芽或去掉顶芽。切块要重视顶端优势的利用，设法让薯块带顶芽。切块要尽可能不或少伤芽眼，使切口尽可能小而平。切块中切到病薯，应丢弃并对切刀消毒，避免由切刀作为传播载体使无病种薯感染病菌。可选用医用酒精或 0.5% 的高锰酸钾溶液消毒。

催芽。切块刀口晾干后，堆放在阳畦或室内催芽。阳畦内每层种薯切块覆盖一层砂土，厚度 1.5~2.0 cm，一般 2~3 层，最后 1 层覆土 2~3 cm，上面盖草苫保墒。芽床温度 15~20℃。芽长 1.5~2.0 cm 时，扒出晾芽 3~5 d，使之变粗变绿。也可将拌好的种块装入筐中，放置在环境湿度为 85%、温度 18~22℃ 的室内，使用潮湿的布料盖住，进行催芽。当芽长到 1~2 cm 时，将其放在散射光下进行晾晒，使之均匀见光，等芽变成浓绿的壮芽，就可以准备播种了。未经过休眠期的种薯，切块后放入 3~5 mg/kg 浓度的赤霉素溶液中浸泡 5~10 min，取出晾干后催芽。为防治马铃薯晚疫病、早疫病、黑胫病等种子带菌病害，可选用 25% 甲霜灵可湿性粉剂、50% 多菌灵可湿性粉剂、70% 代森锰锌可湿性粉剂、80% 甲基硫菌灵可湿性粉剂，亩用量 50~100 g 拌种。

三、播种期

开沟。化肥、农家肥、毒饵与土壤混翻后形式的，行距 40 cm，开沟深 15 cm 左右；开沟施化肥、农家肥毒饵形式的，开沟深 17 cm，将化肥、毒饵、农家肥施入沟内，芽块与化肥要用土隔离，防止烧芽，也可以在两苗行之间另开沟施入种化肥。

播种。不同地区播种方式多种多样，常见的方法有平播、穴播、垄播、平播后起垄、先开沟播种后起垄等播种方法。根据选择品种、地力水平、栽培管理条件确定适宜密度，一般株距 20~25 cm，芽眼朝上，等距按芽点播，播种深度 8 cm 左右。

作畦。一般采用高垄覆盖，畦呈垄状，垄底宽 50~85 cm，垄面宽 30~50 cm，垄高 10~15 cm，地膜覆盖于垄面上。高垄覆盖受光较好，地温容易升高，也便于浇水，但旱区垄高不宜超过 10 cm。采取催大芽播种方式，适当提早播种，以出齐苗后不受冻为宜。

覆膜。采用先播种后覆膜再放苗或先覆膜再打孔播种 2 种方式。地膜应选择 90~100 cm 宽的超薄膜，亩用量 4~5 kg，覆膜时要拉紧、压实防止风刮坏。先覆膜后播种法，即覆膜后选用打眼器按设计行距、株距，打眼深 10~15 cm，深浅一致，播种后封土压严。

杂草防除。地膜覆盖因无法除杂草而容易出现草害，为此，盖种后可喷施适宜的除草剂。常用的除草剂有乙草胺、氟乐灵、异丙甲草胺等。均匀喷洒畦面。配制药液时一定要严格掌握浓度，以免发生药害。

四、田间管理

引苗。播种后及时到田间检查苗情，发现苗出土或即将出土时，用小铲或利器在苗上方割"T"形口引苗出膜外，并用湿土封住膜孔。也可选用压土引苗法，即 60% 芽顶端距苗床面 2~3 cm 时，在膜床苗沟顶部压 2 行湿土，使马铃薯芽自行破膜而出。

覆膜检查。播种后及生长过程中要经常检查膜破损、风揭、践踏等情况，发现后及时采取补救措施。

栽培管理。重点是前期壮苗，中期控制徒长，后期防止早衰。苗期如不缺水，则不进行灌溉，现蕾结薯应保证水分充足供给。早熟品种一般不用追肥，可于现蕾开花期培土，若底肥不足则应及早追施。中晚熟、晚熟品种生长期较长，进入现蕾结薯期，地膜已失去主要作用，应视天气情况及时揭除，进行中耕培土，以降低土壤温度，增加土壤透气性和接受雨水的能力，为块茎膨大创造良好的土壤条件，并且可提高块茎的贮藏性，减少烂薯。

防虫灭病促产。晚疫病防治选择保护性药剂和治疗性药剂混合使用，合理安排间隔期；保护性药剂可选用丙森锌、代森联、代森锰锌、百菌清。治疗性药剂可选用氟菌·霜霉威、霜脲·锰锌、烯酰吗啉、氟啶胺等。

早疫病防治可选用抗病品种，增施有机肥。生长期加强水肥管理，适量增施钾肥，适时喷施叶面肥；雨后及时清沟排渍降湿。发病初期，喷施保护性杀菌剂，如施用丙森锌或代森锰锌等药剂1~2次。发病较重时，用啶酰菌胺、烯酰·吡唑酯、噁唑菌酮·霜脲氰等药剂防治，隔7~10 d喷1次，连喷2~3次。

马铃薯枯萎病发病初期，可采用苯甲·丙环唑、苯酰菌胺、噁霉灵、萎锈灵等防治。

马铃薯青枯病发生地块，可与非茄科蔬菜轮作3年以上，最好与禾本科进行水旱轮作；采用高畦栽培，避免大水漫灌；选择健康种薯。发病初期，可采用中生菌素、噻唑锌、三氯异氰尿酸或络氨铜灌根防治，每株灌药液0.3~0.5 L，视病情隔5~7 d灌1次。

马铃薯疮痂病发生地块，与非茄科作物轮作2年以上；播前晒种催芽，淘汰病烂薯，可有效减轻病害的发生；发病初期，可选用噻唑锌、络氨铜药剂进行防治。

马铃薯炭疽病发生地块，实行轮作；及时清除田间病残体；加强田间水肥管理，避免高温高湿条件；发病初期，可采用嘧菌酯、苯醚甲环唑、溴菌腈+丙森锌、春雷霉素·氢氧化铜等进行防治。

马铃薯环腐病发生地块，与非茄科蔬菜轮作2年；播种前淘汰病薯；出窖、催芽、切块过程中发现病薯及时清除，消毒切刀，杜绝种薯带病是最有效的防治方法；施用磷酸钙作种肥，在开花后期，加强田间检查，拔除病株及时处理，防治田间地下害虫，减少传染机会；播种前用3%中生菌素拌种，有一定的防治效果，杀秧后喷施氢氧化铜，可以较好保护地下薯块。

马铃薯病毒病的预防要及时防治蚜虫,防治蚜虫会传播病害;改进栽培措施,留种田要远离茄科菜地,及早拔除病株,实行精耕细作,高垄栽培,及时培土;避免偏施过量氮肥,增施磷钾肥;可选用盐酸吗啉胍、宁南霉素、吗胍·乙酸铜、三氯异氰尿酸或氨基寡糖素等药剂。

马铃薯黑胫病预防要选择无病种薯进行种植,在切割种薯时要注意用春雷霉素水溶液消毒刀具,切割好的种薯要用草木灰或春雷霉素蘸涂切口后再种植;在幼苗期叶面喷洒 2~3 次氯溴异氰脲酸、辛菌胺醋酸盐、噻唑锌,每 10~15 d 喷洒 1 次。

地下害虫(蛴螬)防治,施用农家肥时,要经高温发酵,使肥料充分腐熟,以杀死幼虫和虫卵;用种衣剂拌种;用 50% 辛硫磷乳油每亩 200~250 g,加水 10 倍,结合新高脂膜喷于 25~30 kg 细土上拌匀成毒土,顺垄条施,随即浅锄,或以同样用量的毒土撒于种沟或地面,随即耕翻,或 5% 辛硫磷颗粒剂,或 5% 二嗪磷颗粒剂,每亩 2.5~3 kg 处理土壤,都能收到良好效果,并兼治金针虫和蝼蛄。

蚜虫防治,铲除田间杂草、地边杂草,有助于切断蚜虫中间寄主和栖息场所,消灭部分蚜虫;挂置黄色粘虫板、银灰色薄膜趋避(不适合大规模种植);利用苦参碱、鱼藤酮、印楝素、d-柠檬烯溶液喷雾防控;发生期用吡虫啉、啶虫脒、噻虫嗪、高效氯氟氰菊酯、氟啶虫酰胺、噻虫胺、双丙环虫酯等防治。

控制徒长可于始花初期喷施生长抑制剂。增产可适当使用膨大素"一拌二喷"即芽块拌种、花期、膨大期各喷 1 次,提高产量 20%~30%。

五、注意事项

覆膜种植较裸地种植出苗早 7 d 左右,要及时关注天气播种;覆膜地块墒情要好,土壤含水量 16%~18%,墒情不好不易覆膜；覆膜地块应选择水浇条件肥沃地块，增产潜力大、效益高；覆膜地块种子、应选用早代脱毒种子大芽块或小薯整播，切忌小芽块或尾部芽块及劣性种子，确保苗全苗壮，增产增效；收获前要彻底清除残膜，避免或减少土地污染；重施农家肥、有机肥，避免或减缓土壤肥力下降。

第二节　拱棚栽培技术

山东等马铃薯二季作区，充分发挥蔬菜保护地生产优势，利用现有栽培设施和技术进行马铃薯反季节生产，开创了我国马铃薯拱棚栽培先河，为周年生产，均衡供应起到了很好的示范作用。拱棚栽培技术是指钢架（或竹木）大棚加地膜覆盖的栽培技术。其栽培模式较为典型的有冬春马铃薯二膜覆盖栽培、三膜覆盖栽培，即冬春季在塑料大棚内采用地膜覆盖+小拱棚薄膜覆盖方式栽培马铃薯。四膜栽培模式使用面积较小。这可以有效地解决气温低，植株易受冻害的问题，是提早上市供应淡季鲜薯和增加种植经济效益的栽培方式。最早可于12月催芽、播种，3月底开始收获，比早春地膜覆盖马铃薯提前月余上市，经济效益十分显著。

一、选址建棚

选择地势平坦，土层深厚，土质疏松肥沃，水源充足，排灌方便的地块建棚。大拱棚长度30~55 m，跨度6~12 m，高2.5~3 m。三膜覆盖栽培大拱棚内搭建小拱棚，高0.80~1.20 m，宽2.40 m，小拱棚间距50 cm，与大拱棚边距35 cm。二膜覆盖栽培，大拱棚内覆地膜。四模覆盖栽培则为地膜+小拱棚+中拱棚+大拱棚模式。这样不仅便于操作管理，同时还有利于保持一定的光照强度。具体规格应因设施和品种而宜。

二、整地作畦

一般深翻 20~25 cm，整平耙细，结合整地将生长期需要的全部肥料一次性施入做底肥。每亩施腐熟有机肥 2 000 kg、磷酸二铵 20 kg、草木灰 200~250 kg。种植采取垄作方式，每小拱棚起 4 垄。为了防止土壤病害等问题，应进行合理轮作倒茬。

三、适期播种

三膜覆盖栽培，1 月底至 2 月初播种。二膜覆盖栽培，2 月中旬播种。四膜覆盖栽培根据天气适当提前到 12 月下旬。由于设施保温能力的差异，播种时期不一，保温能力好的可以早播种，保温能力差的晚播种。一般在 10 cm 土壤层地温达到 8℃ 以上即可开始播种，播种后及时覆土，以提高地温和保持土壤水分。种薯宜选择生育期和休眠期都短的品种，种薯为脱毒种薯，一般性状表现为株形直立、株高 50 cm 左右、分枝少、叶片大、匍匐茎短、薯块品质好及抗病性强的品种。种薯催芽完毕后，选择晴暖无风天气播种。一般每亩可种植 5 000 株左右，行距 60 cm，株距 18~20 cm。开沟播种，播后起垄覆土 8 cm，垄宽 30~40 cm。然后喷施除草剂，铺盖地膜，再搭建小拱棚，中拱棚、大拱棚。也可先搭建大拱棚升温后再播种。具体播种前工作参见地膜覆盖栽培播种。

四、温度调控

保护地栽培期间，外界气温低而不稳，使得棚内温度变幅剧烈，很容易出现低温危害及高温危害，影响植株正常生长和结薯，所以温度管理是生产成败的关键，也是田间管理的重要任务，要做到细心、及时、合理和恰当。小棚内温度宜保持在白天 20~25℃，夜间 10~15℃，以利出苗。如生长季节遇寒流或大风雪天气，可在小拱棚外盖草苫，以保持棚温。气温上升后，要加强通风，根据天气情况及时撤除小拱棚。当棚内温度超过 18℃ 时要及通风，当下午至傍晚时棚内降至 15℃ 以下，要关闭通风口。当温度逐渐回升时，白天要把拱棚背风一侧膜向上卷，实现大通风降温。在块茎形成期至膨大期，地温应控制在 21℃ 以下，以利于薯块形成、膨大以及干物质积累。此时间如温度稳定在 10℃ 以上，夜间可不关通风口。3 月底后温度回升快，更是要注意通风降温，直至最后 1 次寒流过后大约 4 月中旬方可撤棚。

五、田间管理

管理的中心是壮棵。马铃薯播种后土壤含水量不够时及时小水沟浇，当幼苗出土时，及时破膜引苗。生长期内保持土壤湿润，发棵期后供给充足水分，以利茎叶和块茎生长，如遇干旱可采取沟灌及时浇水。由于生长期较短，一般不进行追肥。生长期内如缺肥，可结合浇水及早追施速效肥，一般每亩施尿素 5 kg。为了提高产量，块茎膨大。病虫害防治是田间管理的一项重要工作，由于设施栽培温、湿度适宜，极易引起以晚疫病、早疫病为主的病虫害发生流行，因此，要采取"预防为主、综合防治"的策略，特别是晚疫病，如发现中心病株，应立即施药防治，并视病情发生情况及时开展药剂补施工作。病虫防治参见地膜覆盖栽培。

六、收获

马铃薯收获应考虑不同品种地上部分生长情况及市场行情。一般地上部分停止生长、大部分茎叶枯黄时，地下块茎易与匍匐茎分离，此时干物质积累达到最大值，表皮趋硬，此时即可开展收获工作。

第三节 马铃薯玉米套种栽培技术

间作就是在同一块土地中于同一生长期内，与其他作物分行或分带相间种植的模式。套作是指在前季作物生长的适宜时期，于其行间播种或移栽后季作物的种植方法。间作和套作的作物都具有共生期，区别在于间作的 2 种作物共生期长，套作的作物共生期短。马铃薯作物具喜冷凉、生育期短等特点，可与粮、棉、菜、果等多种作物间作、套作。马铃薯与其他作物间作、套作具有多方面优势。一是提高光能和土地利用率，这是最为重要的优势，马铃薯播种较早，如与玉米、棉花等作物间作或套作，可提前 30~40 d 播种，无论光合作用还是土地利用率都比单作作物要高。二是可以充分发挥地力，由于马铃薯根系较浅，一般分布在土层 30 cm 左右，与根系分布较深的粮、棉等作物间作或套作，可以分别利用不同土层的养分，充分发挥地力资源。三是可以有效地减轻病虫害发生。四是可以增加收获指数。

在西南及华北部分较干旱区域，马铃薯与玉米套作是主要耕作栽培方式，山东滕州秋马铃薯多采用玉米—马铃薯套种栽培模式。

一、夏玉米播种期

春马铃薯收获后，及时清理马铃薯秧，平整土地，抢茬免耕直播夏玉米。根据上季马铃薯种植情况，尽可能提前完成播种。在春马铃薯收获后，5 cm 地温稳定在 10℃ 以上即可播种，一般在 5 月播种，8 月完成收获，只要时间允许，提倡晚收。

二、秋马铃薯播种期

秋马铃薯生育期短，要适当提前播种，延长生长时间。通常在 8 月中旬玉米灌浆期在玉米行间进行马铃薯套种播种，播种宜于早晨或下午天气凉爽时进行，利用玉米遮阴促进马铃薯出苗。

三、播种要点

优先选用抗病性强、结薯集中、薯块膨大快的早熟、中熟品种。山东滕州秋播马铃薯基本上都是春季自留小薯做种子。气候条件允许，应提前播种，延长生育期，提高产量。用3%赤霉酸乳油40 000～80 000倍液+40%多菌灵悬浮剂500倍液浸种10 min，晾干表层水分进行整薯催芽。种薯堆积不宜过厚，催芽温度保持在18℃左右，培育健康壮芽，打好丰产基础。

播种密度：单垄行距65 cm、株距20 cm；双垄行距75 cm、株距30 cm，每亩定植5 000株左右。播种深度约8 cm，薯块距离地膜12 cm，垄顶宽25～30 cm。

四、田间管理

马铃薯苗齐后人工收获玉米，促进马铃薯健康生长。待完成玉米收获后，选取商品有机肥与配方肥进行一次性施用；在降雨后进行浅耕，保持表层土疏松多孔，分别在玉米收获后、马铃薯花蕾期及10月下旬进行培土，起到对块茎的保护作用，防止马铃薯出现霜冻情况；在马铃薯出苗期，注意做好田间排水与灌溉，避免积水过多导致马铃薯腐烂或水分不足影响马铃薯质量；马铃薯展叶后，应选取0.1%硫酸镁与0.3%磷酸二氢钾混合液叶面喷施，每间隔10 d喷施1次，连续喷施3次，以提高马铃薯产量；秋季马铃薯病虫害现象较为严重，还需选用吡虫啉、炔螨特等药剂进行蚜虫、茶黄螨等常见虫害的防治。

五、收获

秋马铃薯一般在11月下旬收获，地上部分茎叶呈枯死状后即可。

第五章

马铃薯机械化生产

第一节　马铃薯机械化生产概况

农业机械化是农业现代化的重要体现，马铃薯机械化生产水平同样也是其生产技术进步和产业发展的重要体现。尽管我国是世界第一大马铃薯种植国，但马铃薯机械化生产比重较低，与发达国家70%以上的马铃薯生产机械化水平相比，落后很多。随着马铃薯生产向规模化、集约化、产业化种植的发展，中国马铃薯机械化种植势在必行，提高我国马铃薯生产机械化水平具有非常重要的意义。

我国在新中国成立初期收获马铃薯仍采用人工刨或旧犁挖掘的落后方式。直到20世纪60年代中期，马铃薯收获机具的研制工作才逐步发展起来。研究人员在研学西德、苏联、日本、瑞士等国外机具的基础上，研制成功了升运链式马铃薯收获机，但是由于受当时历史条件的限制，没能实现大面积推广和使用。20世纪70年代中期，由于手扶拖拉机的大量推广应用，国内又掀起了为手扶拖拉机配套的马铃薯收获机的研制高潮，成功研制了鼠笼式马铃薯收获机，但受当时配套动力的限制，未能生产和推广。1979年，12国农机展览会后，国家将全部马铃薯收获机样机都投放在黑龙江省农业机械工程科学研究院，从而为马铃薯收获机的研究工作创造了良好的条件。20世纪90年代中期，由于国产小四轮拖拉机的大量推广和应用，研制马铃薯收获机已被列入重要日程。而此后，其市场需求旺盛，先后有小型升运链式马铃薯收获机和振动式马铃薯收获机投放市。随着知识型劳动力的不断增加和农村土地集中制的执行，发展大中型马铃薯收获机械成为必然趋势。马铃薯种植大户及生产企业，开始采购国外先进大型马铃薯联合收获机械。

第二节　马铃薯机械类型

马铃薯机械化生产主要是以机械化种植和机械化收获为主，配套深耕、深松和中耕培土，实现全程机械化管理，替代传统的人工生产技术，以促进产业的快速发展。

一、马铃薯种植机械

1. 简介及分类

马铃薯种植机械是用于种植马铃薯的农业机械，可以完成开沟、播种、施肥、覆土、镇压、覆膜等种植步骤。马铃薯种植机械化是马铃薯栽培过程中极为重要的一环，也是马铃薯收获机械化的基础，其种植方式和质量不仅直接关系到整个生产过程的机械化，而且直接影响产量的高低。20世纪马铃薯种植机械经历了一系列由小到大、由低级半机械化到高级自动化的发展过程，在技术水平和基础理论的研究方面都取得了巨大的成果。

按照排种器原理不同分针刺式、指夹式、舀勺式和气吸式4种类型，按照自动化程度不同分全自动马铃薯种植机和半自动马铃薯种植机。

（1）针刺式。优点是重播率、漏播率低，适当选择刺针的长度与配置，易于达到只刺一块种薯而不重不漏的目的。缺点是刺针本身比较脆弱，易变形损坏，易被杂草缠绕损伤，工作不持久，且针刺易传播马铃薯病害。

（2）指夹式。主要播种部件为薯夹，其运动方向与夹持方向垂直，夹持过程是"抓取"，薯夹开度必须足够大，因此重夹率、漏夹率高。缺点是投种点高，落地速度较大，落地时偏离正常位置而致使积聚或离散，增加了重播率、漏播率，株距均匀性较差。

（3）舀勺式。国内外普遍采用的播种部件，效果较好且较稳定，适合高速作业，具有大面积连续作业故障少、可靠性高、保养方便、生产效率高的特点。但其结构比较复杂，价格较高，对于较小地块来说，播种成本较高。

（4）气吸式。作业效率高，排种精度高，但其设备结构复杂、成本高、一次性投资压力较大。随着马铃薯精播要求的不断提高，气吸式排种器是未来的发展方向。

2. 应用标准

GB/T 25417《马铃薯种植机　技术条件》和 NY/T 1415《马铃薯种植机　质量评价技术规范》规定了马铃薯种植机的产品质量要求、检测方法和检验规则，适用于种薯为薯块和具有施肥机构的马铃薯种植机。GB/T 6242《种植机械　马铃薯种植机　试验方法》和 NY/T 990《马铃薯种植机械　作业质量》则规定了马铃薯种植机的作业质量指标、作业质量的检验方法和检验规则。GB/T 5262《农业机械试验条件　测定方法的一般规定》规定了土壤含水量、土壤坚实度、肥料含水量、种薯幼芽长度和种薯尺寸极差的测定。

3. 安全要求

马铃薯种植机应在经耕耘、松碎、洁净、平整后并具有适宜含水率的土壤上使用，这是机具能够正常工作的前提条件。此外，使用过程中的保养及定期维护工作也是保证机器可靠性和安全使用的关键，应配备相应检查及维护工具，做到常抓不懈，防患于未然。对各转动部位应按使用要求每班次进行检查和注油保养，尤其是链条处除按时注油保养外，还需检查其张紧度并相应调整张紧装置，对在轴上通过移动来确定其工作位置的链轮一定要注意将其定位后用紧固螺钉锁紧。对各链接部位要经常检查其紧固程度，一有松动应马上锁紧。对在工作过程中出现的有些工作部件黏土现象要随时进行清理，以免影响正常作业。为达到精密播种及稳定作业的目标要求，对种薯按尺寸大小实施分级是很有必要的，它能够最大限度地发挥机器的效能，不仅可以节省后续作业时间，而且使地力、肥效因精密播种而获得最大程度的利用。

种植作业时，相关人员务必做到以下3点。

（1）作业过程中严禁触摸各种转动器件，对设警示性标志的部分要避免人员靠近，所有传动链轮的安装应定期检查和适时紧固其链接处，以免松动后造成事故。

（2）作业过程中严禁拖拉机倒驶，转弯或回程前一定要将种植机通过液压悬挂机构升离地面后再进行下一步操作。遇特殊情况一定要先停车，然后经过仔细检查再进行有效处理，严禁操作人员随便对运转中的机器进行工作状态调整。

（3）作业过程中严禁在种植机与拖拉机悬挂牵引链接处站人。需要时可站在机架后横梁上，以观察实际工作效果，一定要坐稳把牢并做好安全保护措施，避免出现意外事故。

二、马铃薯收获机械

马铃薯收获机械是专门用于收获马铃薯的机械，主要包括切茎、挖掘、分离、捡拾、分级和装运等工序。国内马铃薯收获方式主要包括3类：一是人工收获；二是采用分段收获模式，由马铃薯挖掘机挖掘，挖出的马铃薯铺放在田间，再由人工捡拾装袋；三是马铃薯联合收获方式，收获机一次完成马铃薯收获作业，成品马铃薯经过薯土分离后直接装车，是一种高效率收获模式。

1. 分类

按照马铃薯机械收获的方式，收获机大致分为马铃薯挖掘机和马铃薯联合收获机 2 种。马铃薯挖掘机按照挖掘方式分为抛掷轮式、升运链式和振动式 3 种；马铃薯联合收获机按动力配套型式分为自走式和牵引式 2 种。

（1）抛掷轮式。挖掘机掘起的土垡在抛掷轮拔齿的作用下，被抛到机器一侧，并散落在地表。这种挖掘机的结构简单，重量轻，不易堵塞工作部件，适合在土壤潮湿黏重、多石、杂草茂盛的地上作业；缺点是埋薯多，拔齿对薯块损伤大，已经逐步被淘汰。

（2）升运链式。其分离部件为杆条式升运器。工作时，挖掘铲将薯块和土壤一同铲起，送到杆条式升运器，在一边抖动一边运输的过程中，把大部分泥土从杆条间筛下，薯块在机器后部铺放成条。为了便于捡拾和装运，升运筛后部固定一个可调式的集条挡板，有的还装有横向集条输送器。这种挖掘机适宜在砂土和壤土上作业，工作稳定可靠；但缺点是机具较重。

（3）振动式。通过曲柄杆机构摆动栅条分离筛进行薯块与土壤的分离。由于工作部件的振动，可在一定条件下产生较大的瞬时力，从而增强了碎土性能，强化了分选效果。

（4）自走式。自走式联合收获机特点是行走轮上安装有计算机导航系统，可根据 GPS 定位仪进行定位；机身设计收集装置，无须人工捡拾，节省了劳动力；且机器设有分选台，块茎在收获的同时直接被分级，减少后续工作。

（5）牵引式。按照输出方式又分为侧输出和后输出 2 种。优点是可自动化控制进行薯块分离，伤薯率降低；有的机器自身有升运装置，可将薯块收集到同步行走的运输车内。

2. 应用标准

GB 10395.16《农林机械　安全　第 16 部分：马铃薯收获机》规定了设计和制造牵引式、悬挂式和自走式马铃薯收获机的安全要求和判定方法，并规定了制造厂应提供的安全操作信息的类型。适用于可进行茎叶切割、挖掘、捡拾、清理、输送和卸料等一种或多种作业的牵引式、悬挂式和自走式马铃薯收获机，也适用于未经改装便可用于收获其他作物的马铃薯收获机。NY/T 648《马铃薯收获机　质量评价技术规范》和 NY/T 1130《马铃薯收获机械》中规定了收获机产品质量要求、评价指标的试验方法和检验规则，适用于马铃薯收获机的试验鉴定和质量检验。同样，NY/T 2464《马铃薯收获机　作业质量》和 NY/T 2462《马铃薯机械化收获作业技术规范》中规定了马铃薯收获机作业的质量要求、检验方法和检验规则，同时还规定了作业的安全要求和机具维护、保养与存放，适用于马铃薯机械化收获作业质量的评定。

3. 安全要求

（1）操作者进行收获作业时的要求。

①任何机具上的警示和其他标志对于操作安全非常重要，务必遵守。使用前须熟悉各设备和控制装置的功能和位置。只有所有防护装置都正常工作时才可以运转机具。

②工作中，拖拉机若用低速挡行驶，则拖拉机的油门必须放在最大位置上，以免马铃薯从第一、第二升运链之间漏掉。工作中，拖拉机若拐弯，要求用液压分配器将其升起后拖拉机再转弯。收获铲入土后，严禁拖拉机回转。

③在工作中，若安全离合器发出响声，往往是升运链与收获铲机架之间卡住石头，或者是收获深度过深以及堵塞造成的，发

现故障应及时排除。

④收获铲入土后，立刻检查其收获深度。如不符合要求，应调整拖拉机悬挂中心拉杆。在工作中，拖拉机手可根据土壤、地形等不同情况，用液压分配器调整其收获深度。安全离合器如发出响声，则应旋紧主传动轴末螺母。

⑤移动或运转机具前应先检查机具周围，保证周围视野良好，躲避儿童。

⑥机具转弯或经过坑洼地貌时，要注意侧向力和垂直惯性力。

⑦保持机具传动轴部位的清洁和回转部件的正确润滑。

（2）拖拽机械时的要求。

①注意拖拉机升起或放下机具时的伤害风险。

②注意3点悬挂的部位带来的危险，在支撑点附近工作时应注意危险。

③在确保拖拉机刹车稳定（建议使用三角垫木锁住拖拉机车轮），不会溜车的情况下才可以在悬挂或牵引铰接部位工作。

④悬挂机具在升起时应遵守作业机具说明书中的规定，同时兼顾拖拉机上的相关说明。背负重量不得超过拖拉机的最大负载，按拖拉机可以背负机具的大小和重量选择拖拉机型号。

⑤运输机具时，机具上的可移动部件必须绑缚紧固。这样既可以保护机具，也可以避免可能出现的危险。长途运输时要用车辆装运，不允许用拖拉机悬挂；短途运输和地块转移时允许用拖拉机悬挂，严禁就地牵引。

⑥操作过程中禁止在旋转部件转动范围内工作，操作人员离开拖拉机时应关闭引擎，拔出钥匙，使用三角垫木防止溜车。

⑦尽量避免在高于头部的器械部位站立或工作，如无法避免此类工作时，应保证相应安全装置正常工作，同时有专门人员在旁边进行监控。

⑧只有当机器停止运转，关闭引擎时才可以进行维护、维修或清洁等工作。进行以上操作时应拔出拖拉机钥匙。

⑨始终保持护罩铰链部位的清洁。只有当所有的防护装置都正常工作的时候才可以开启机器，工作过程中严禁挪动防护装置。

（3）进行涉及动力输出轴相关操作时的要求。

①遵守动力输出轴操作规定，只能使用符合标准规定的动力输出轴，必须正确安装动力输出轴软管和保护锥体。

②确保动力输出轴的轴体在运输或工作位置，偏移角度在允许范围内。

③只有在发动机处于关闭状态，移除点火钥匙时，才能对动力输出轴进行连接或移动。

④当拖拉机上未安装动力输出轴过载保护装置时，动力输出轴上应安装具有过载保护功能的安全装置。

⑤在连接动力输出轴之前，确保拖拉机动力输出轴的转速和旋转方向与作业机具所需的转速和旋转方向一致。

⑥在连接动力输出轴时，确保机具的危险区域内没有人。

三、马铃薯打秧机械

马铃薯打秧机主要是指马铃薯收获前进行的茎秆粉碎还田作业的环节，其主要目的是保证马铃薯机械化收获作业的顺利实现，提高收净率和作业效率。它是在秸秆还田机的基础上改进的，将秸秆还田机的镇压轮改为行走轮，改动刀片排列方式，方便切割秧苗将茎叶打碎，使其适合马铃薯收获前的杀秧工作。

1. 分类

根据我国马铃薯打秧技术的发展历程分为刀片式还田打秧机、锤爪式还田打秧机、仿垄型专用刀片式打秧机和仿垄型长短刀片式打秧机 4 类。

（1）刀片式还田打秧机。因国外进口马铃薯专用杀秧设备价格较高，国内早期一般改进或使用普通刀片式秸秆还田机用于马铃薯杀秧作业，其具有结构简单、价格便宜、性能可靠等优点，受到部分用户欢迎。能将垄台上薯秧清理干净，但对垄沟薯秧几乎无法清理。

（2）锤爪式还田打秧机。通过研究格兰公司 FX280 锤爪式秸秆还田机等国外设备，设计了锤爪式还田打秧机，不仅能够把垄台薯秧清理干净，锤爪在高速运转下产生风吸引力，还能把垄沟部分薯秧吸起并彻底粉碎。

（3）仿垄型专用刀片式打秧机。仿垄型专用刀片式打秧机主要采用 8 种不同形状的专用刀片，通过组合排列实现仿垄型全幅杀秧，能实现垄沟、垄台全面杀秧，受到国内大部分用户的认可。但也存在一些问题，如多种刀片组合，整机动平衡难以保证，设备加工难度和使用强度要求较高，低速运转薯秧粉碎效果不理想，影响收获质量。

（4）仿垄型长短刀片式打秧机。该机型利用普通还田刀片，采用多种长短刀组合，实现仿垄型全幅杀秧。采用长短刀组合，动平衡容易保证，可实现 $1\,500\sim2\,000$ r/min 高速运转，薯秧切断粉碎效果好，结构更加合理，整体加工难度和使用强度降低，延长了整机的使用寿命。目前该技术已全面推广使用，打秧机作业效果得到用户一致认可。

2. 应用标准

NY/T 2706《马铃薯打秧机　质量评价技术规范》规定了马铃薯打秧机的产品质量要求、检测方法和检验规则。适用于马铃薯打秧机的质量评定。

3. 安全要求

（1）使用前必须详细阅读使用说明书，严格按照使用说明书规定进行安装、调整、操作、维护保养。

（2）使用前检查齿轮箱内齿轮油液面高度及各转动部件润滑情况，且每次作业前必须检查各紧固件连接是否牢固，如有松动予以排除。

（3）使用中严禁拆卸皮带轮防护罩，注意机壳后方的安全标志，打秧机在空转或者工作时机器周围不得站人，严禁触摸运转部件。

（4）与拖拉机连接时，严格按照说明书的规定安装万向节，否则万向节卡死或者脱落甩出伤人。

（5）严禁快速提放打秧机，以免损坏机件。

（6）在工作中，刀具严禁打土，以免损坏拖拉机及本机器。

（7）在工作中，应清除或避开田间障碍物，严禁刀片碰撞硬物，以免刀片断裂飞出伤人。

（8）在工作中，遇到较大的沟坎、转弯、倒退情况时，要及时切断拖拉机输出动力，同时提升起打秧机，以免损坏万向节及打秧机体。

第三节　马铃薯机械损伤研究与发展

随着马铃薯收获机械化的占比逐步提高，收获期马铃薯块茎的机械损伤也随之增加，直接影响其产量和经济效益，也抑制了马铃薯在农业经济和社会发展中的重要作用。马铃薯损伤可分为内部损伤、破裂伤和表皮严重擦伤。目前，国内外对于马铃薯机械损伤的研究主要从2个方面开展：一方面是从农业物料学方向开展，结合马铃薯生物力学特性，主要集中在马铃薯力学特性、流变特性等进行损伤分析；另一方面是基于马铃薯收获机械，主要集中在马铃薯与机械碰撞等来分析机械损伤情况。

一、马铃薯生物力学特性的研究现状

国外对于马铃薯块茎机械损伤的研究起步早，采用多种研究方法，对马铃薯弹性模量、泊松比、黏弹性、应力松弛特性、静力学压缩特性等进行了试验研究，探究各主要因素与马铃薯生物力学特性各参数的影响关系，为损伤机理研究提供相关的理论依据。国内学者主要通过静力学压缩性能试验、挤压力破坏性测试、应力松弛试验等研究方法，利用应力—变形曲线拟合、有限元模拟、高光谱成像处理等方法，主要对马铃薯力学特性、流变特性、蠕变模型、损伤的检测方法、损伤与破坏应力应变的回归关系进行探究。国内在马铃薯损伤领域的研究起步较晚，但对马铃薯生物力学特性等基础研究成果较丰硕。

二、马铃薯机械损伤的研究现状

国外对马铃薯机械损伤的研究多集中于马铃薯与收获机械不同工作部件碰撞产生冲击从而导致损伤，同时对马铃薯块茎损伤有多种评价方法，应用丰富的试验方法，其中不乏高科技试验设备的使用，例如使用数据记录球来模仿马铃薯进行试验，记录各个时段马铃薯受冲击的大小等数据。国内对马铃薯机械损伤的研究多集中于对马铃薯损伤机理的研究，多采用试验方法进行研究，但结合马铃薯收获作业中块茎损伤情况的研究较少。

三、存在的问题及思考

（1）马铃薯机械收获过程中造成损伤的原因很多，不同的收获机械对应的因素也存在差异，因此，需要研究建立的参数模型大部分还属空白。不同类型的特性，如挖掘深度、下落高度等都与马铃薯块茎损伤相关,各种类型的检测方法结合统计分析才能得出完善、准确的损伤情况。检测损伤作为研究工作的重要环节,要求从方便、经济、可靠的角度衡量。磁共振成像设备与红外线检测装置价格昂贵,虽然可以方便、精确地处理试验数据,但在研究工作中不优先考虑。运动分析、力学分析可作为切入点研究马铃薯的碰撞特性。

(2)马铃薯属于黏弹性材料,由于黏弹性材料的本构关系随时间、温度、振动频率和应变幅值等因素的变化而变化,使得对黏弹性材料的动特性分析大为复杂化。虽然目前国内外学者提出了多种模型,但都因为各有所限,而使进一步理论分析受到限制,这还需要根据实际情况进行进一步的深入研究。

(3)目前关于马铃薯损伤机理的研究主要有 2 条途径:一是通过理论计算分析;二是试验测试分析。现有的理论计算方法所使用的力学模型及边界条件与实际情况往往有较大的出入,直接引用其所得的力学特性参数会导致实际研究结果的失真,因此,理论分析与试验研究要相结合,才能得出较为客观、合理的结论。

(4)马铃薯块茎损伤的程度不仅受块茎自身性状的影响,还受许多外在因素的影响,要进行损伤机理的研究,必须严格界定评价块茎损伤的外部因素,而且损伤的准确检测也是评价损伤的重要方面。因此,需要利用现代生物、物理和信息技术等先进手段对此做大量的研究,确保以一致、可控、可重复的方式对不同块茎进行损伤模拟、检测,从而完成损伤性状的客观、合理的评价。

(5)我国马铃薯收获机械的研制大多还处于机械设计阶段,产品的技术含量和技术水平还比较低,关于马铃薯机械损伤的研究成果还未普及运用到生产实践中。再者,目前国外一些马铃薯收获机械不但生产效率高,还将高新技术融于农具之中,如采用振动、液压技术进行挖掘，采用传感技术控制喂入量、传运量及分级装载；采用气压、气流、光电技术进行碎土和分离以及利用微机进行监控和操作等。这无疑有利于机械损伤的控制。加强对国外先进技术装备的引进和消化吸收，加大自主创新力度，深入理论和试验研究，把先进的科学技术运用到马铃薯收获环节，真正使科技成果转化为现实生产力，以扭转国内马铃薯产业发展迅速与马铃薯收获技术相对滞后的现状。

四、展望

随着马铃薯产业的迅速发展，对马铃薯收获中机械损伤的研究具有重要的意义。通过对马铃薯生物力学特性的研究，来揭示马铃薯收获损伤机理，同时借助于现代先进的工程技术手段和方法，为马铃薯低损伤收获机械的研制提供理论依据和参考数据。近年来，我国在此领域的研究已颇有成果，但从实际出发仍有大量的工作需要进行。应该充分利用已有的研究成果，在进一步深入挖掘的同时提高其在工程中的应用能力，减少马铃薯收获中的机械损伤，提高经济效益。

第六章

马铃薯病虫草害绿色防控

第一节　绿色防控概述

一、绿色防控的概念

绿色防控是指在农业生产中以确保农业生产、农产品质量和生态环境安全为目标，以减少化学农药使用为目的，从农田生态系统整体出发，优先采取生态调控、生物防治、物理防治和科学用药等环境友好型技术措施控制农作物病虫为害的行为。它是持续控制病虫灾害，保障农业生产安全的重要手段。通过推广应用绿色防控技术，以达到保护生物多样性，降低病虫害暴发概率的目的，同时它也是促进标准化生产，提升农产品质量安全水平的必然要求，是降低农药使用风险，保护生态环境的有效途径。

绿色防控是在2006年全国植保工作会议上提出"公共植保、绿色植保"理念的基础上，根据"预防为主、综合防治"的植保方针，结合现阶段植物保护的现实需要和可采用的技术措施，形成的一个技术性概念。绿色防控是推进现代农业科技进步和生态文明建设的重大举措，是促进人与自然和谐发展的重要手段。

二、绿色防控的主要内涵

绿色防控是综合防治的新体现，在作物目标产量效益范围内，通过优化集成生物、生态、物理等技术并限量使用有毒农药，达到安全控制有害生物的目的，尽量降低作物的经济损失风险（必要产量或效益）；尽量降低使用有毒农药的安全风险（操作者、消费者和水源等安全）；尽量降低破坏生态的风险（保持生态平衡和多样性调控能力）。一是减量与保产并举。在减少化学农药使用量的同时，建立病虫害综合防治技术体系，做到病虫害防治效果不降低，促进粮食和重要农产品生产稳定发展，保障有效供给。二是数量与质量并重。在保障农业生产安全的同时，更加注重农产品质量的提升，推进绿色防控技术和科学用药，保障农产品质量安全。三是生产与生态统筹。在保障粮食和农业生产稳定发展的同时，统筹考虑生态环境安全，减少农药面源污染，保护生物多样性，促进生态文明建设。四是节本与增效兼顾。在减少化学农药使用量的同时，大力推广新药剂、新药械、新技术，做到保产增效、提质增效，促进农业增产、农民增收。

三、绿色防控的技术原则

以农业防治、物理防治、生物防治为主，化学防治为辅，栽培健康作物，利用生物多样性，应用有益生物，科学合理用药。

四、绿色防控主要技术措施

1. 生态调控技术

推广抗病虫品种、优化作物布局、改善水肥管理等健康栽培措施，并结合农田生态改造，恶化病虫害发生源头及滋生环境，人为增强自然控害能力和作物抗病虫能力。

2. 生物防治技术

应用以虫治虫、以螨治螨、以菌治虫、以菌治菌等生物防治关键措施，加大捕食螨、白僵菌、苏云金杆菌（Bt）、枯草芽孢杆菌等成熟产品和技术的示范推广力度。

3. 理化诱控技术

重点推广昆虫信息素（性引诱剂、聚集素等）、杀虫灯、诱虫板（黄板、蓝板）防治蔬菜、果树和茶树等农作物害虫，推广应用植物诱控、食饵诱杀、防虫网阻隔等理化诱控技术。

4. 科学用药技术

推广高效、低毒、低残留、环境友好型农药，优化集成农药的轮换使用、交替使用、精准使用和安全使用等配套技术，普及规范使用农药的知识，严格遵守农药安全使用间隔期。通过合理使用农药，最大限度降低农药使用造成的负面影响。

五、绿色防控的意义

（1）绿色防控是持续控制病虫灾害，保障农业生产安全的重要手段。目前我国防治农作物病虫害主要依赖化学防治措施，在控制病虫危害损失的同时，也带来了病虫抗药性上升和病虫暴发概率增加等问题。通过推广应用生态调控、生物防治、物理防治、科学用药等绿色防控技术，不仅有助于保护生物多样性，降低病虫害暴发概率，实现病虫害的可持续控制，而且有利于减轻病虫危害损失，保障粮食丰收和主要农产品的有效供给。

（2）绿色防控是促进标准化生产，提升农产品质量安全水平的必然要求。传统的农作物病虫害防治措施既不符合现代农业的发展要求，也不能满足农业标准化生产的需要。大规模推广农作物病虫害绿色防控技术，可以有效解决农作物标准化生产过程中的病虫害防治难题，显著降低化学农药的使用量，避免农产品中的农药残留超标，提升农产品质量安全水平，增加市场竞争力，促进农民增产增收。

（3）绿色防控是降低农药使用风险，保护生态环境的有效途径。病虫害绿色防控技术属于资源节约型和环境友好型技术，推广应用生物防治、物理防治等绿色防控技术，不仅能有效替代高毒、高残留农药的使用，还能降低生产过程中的病虫害防控作业风险，避免人畜中毒事故。同时，还显著减少农药及其废弃物造成的面源污染，有助于保护农业生态环境。

第二节　马铃薯病害的绿色防控

一、马铃薯病害的绿色防控策略

坚持"预防为主，综合防治"的植保方针，贯彻落实"公共植保，绿色植保"理念，针对马铃薯各类病害发生特点，综合考虑影响病害发生的各种因素，以生态调控为基础，优先协调运用植物检疫、物理和生物防治措施，辅以安全合理的科学用药，实现马铃薯病害的全程绿色防控。

二、马铃薯主要病害

马铃薯主要病害有马铃薯晚疫病、早疫病、炭疽病、疮痂病、病毒病、黑胫病等。

1. 晚疫病

各地普遍发生，为害严重。主要侵染马铃薯的叶、茎、块茎。叶片上发病多从下部叶片开始，叶尖或叶缘开始产生圆形或不定形病斑，轮廓不明显，边缘呈水渍状，有一圈状似轮状的白色霉层，有时叶面和叶背的整个病斑上也长有茂密的白霉，形成此种霉轮，这是本病的特征。干燥时病斑边缘不产生白霉。茎部受害，产生稍凹陷的黑色条斑。气候条件适宜，病害迅速蔓延，受害的植株茎叶枯烂黑腐，似开水泼过一样。块茎染病初生褐色或紫褐色病斑，稍凹陷，在皮下呈红褐色，逐渐向周围和内部发展，严重的可使整薯烂掉（图9）。

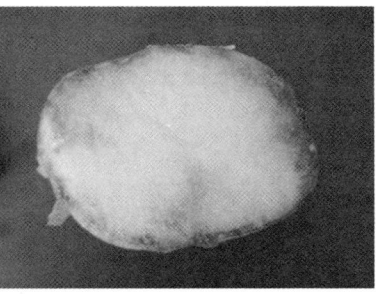

图 9　马铃薯晚疫病

2. 早疫病

在露地和保护地均可发生。多从下部老叶开始，叶片出现近圆形褐色病斑，内有同心轮纹，潮湿时斑面出现黑霉。发生严重时，病斑互相连接成黑色斑块，致叶片干枯脱落。致病菌是一种链格孢菌真菌，初侵染来源主要是土壤中的病残体，通过风雨传播。在气温偏高、植株生长衰弱的情况下发病严重（图10）。

图 10　马铃薯早疫病

3. 炭疽病

炭疽病主要为害叶片，在叶片上形成近圆形或不定形的赤褐色至褐色坏死斑,边缘明显,相互汇合形成大的坏死斑。为害严重时也可侵染块茎,引起植株萎蔫和块茎腐烂(图11)。

4. 疮痂病

马铃薯块茎"长疥"是马铃薯疮痂病菌所致。马铃薯疮痂菌为疮痂链霉菌,属放线菌,土壤和带病种薯为初侵染来源,主要为害薯块。初在薯块表面产生褐色小斑点,后扩大为近圆形至不规则形的木栓状病斑。常多个病斑汇合成片,表面粗糙,呈疮痂状硬斑,群众称之为长"疥",病斑仅限于薯皮,不侵入薯肉。还有一种病害为马铃薯粉痂病,是一种低等真菌病害,与疮痂病主要区别是病斑侵入皮下组织,皮下组织深红色,散出大量深褐色粉状物,仅在个别地区发生,为一种检疫对象(图12)。

图11 马铃薯炭疽病

图12 马铃薯疮痂病

5. 病毒病

马铃薯病毒病在我国普遍发生,是马铃薯生产上最严重的病害之一。此病在田间常表现花叶、坏死、卷叶3种症状类型。花叶型即叶片颜色不均,呈现浓淡相间花叶或斑驳,严重时皱缩矮化,有时还表现明脉。坏死型即在叶、叶脉、叶柄和枝条、茎蔓上出现褐色坏死斑点,后期转变成坏死条斑,严重时叶片枯死或萎蔫脱落。卷叶型即叶片沿主脉由边缘向内翻卷，继而叶片变硬、变脆，严重时叶片卷曲呈筒状。田间复合侵染时多引起马铃薯条斑坏死（图13）。

图13　马铃薯病毒病

6. 黑胫病

黑胫病又称黑脚病，全国各地均匀发生。主要侵染茎基部和薯块，从苗期到收获期均可发病。受害植株的茎呈现一种典型的黑褐色腐烂。幼苗发病，植株矮小，节间缩短，叶片上卷，叶色褪绿，茎基部组织变黑腐烂。早期植株萎蔫枯死，不结薯。发病晚和轻的植株，只有部分枝叶发病，病症不明显（图14）。块茎

图14　马铃薯黑胫病

发病始于脐部，可以向茎上方扩展几厘米或扩展至全茎，病部黑褐色，横切可见维管束呈黑褐色。用手压挤皮肉不分离，湿度大时，薯块黑褐色腐烂发臭。

三、马铃薯病害的绿色防控技术

1. 植物检疫

种薯调运应遵守植物检疫规定，发现检疫性有害生物要按照《植物检疫条例》等相关规定进行处置。

2. 农业防治

利用农艺管理技术培育壮苗，增强植株抗病性和自身补偿能力，降低病菌种群基数，减轻病害发生。

（1）选用优良抗病品种。选择抗病丰产适应性强的优良品种。

（2）合理轮作。土传病害重发区域，宜与十字花科、禾本科等非茄科作物进行轮作。

（3）清洁田园。为消除连作障碍，在前茬作物收获后，及时清洁田园，清除田间病株和枯枝落叶，降低田间病原菌数量。合理密植，合理施肥，加强田间管理，提高植株抗病性。

（4）种薯选择。选用健康脱毒2代、3代种薯，脱毒种薯应符合 GB 18133《马铃薯种薯》的规定，提倡小整薯播种。

（5）切刀消毒。在种薯切块前，切刀应放入75%酒精或0.5%~1%高锰酸钾溶液消毒不少于1 min，每切5 min或切到病薯时更换已消毒的刀具。

3. 物理防治

利用工具和各种物理因素，减轻或防止病害的发生。

(1) 色板诱杀。在有翅蚜虫和烟粉虱等害虫发生初期，田间悬挂黄色粘虫板诱杀，悬挂密度 5 m × 6 m/块。

(2) 设置防虫网。种薯生产中，宜使用 40 目防虫网笼罩。

(3) 杀秧。在马铃薯成熟期，选用人工或机械等物理方式将马铃薯植株地上部分打碎。

4. 生物防治

(1) 保护利用天敌。倡导释放和保护利用食蚜蝇、蚜茧蜂、七星瓢虫等天敌，控制蚜虫等传毒害虫。

(2) 生物农药。优先选用枯草芽孢杆菌、木霉菌、氨基寡糖素等生物农药防治马铃薯病害，提高马铃薯抗病性。

5. 科学用药

农药使用应符合 GB/T 8321 和 NY/T 1276 规定，优先使用生物源农药、矿物源农药，选用高效、低毒、低残留、环境友好型农药，严禁使用国家明令禁止的农药，严格按照农药标签或产品说明书推荐剂量使用农药，严格遵守农药安全操作规程，执行安全间隔期，不同作用机理的农药交替使用和合理混用。

第三节　马铃薯虫害的绿色防控

一、马铃薯虫害的绿色防控策略

坚持"预防为主，综合防治"的植保方针，贯彻落实"公共植保，绿色植保"理念，针对马铃薯各类虫害发生特点，综合考虑影响虫害发生的规律和各种因素，以生态调控为基础，优先协调运用植物检疫、理化和生物防治措施，辅以安全合理的科学用药，实现马铃薯虫害的全程绿色防控。

二、马铃薯主要害虫

马铃薯主要害虫有蚜虫、茶黄螨、粉虱、甜菜夜蛾、地下害虫（地老虎、蛴螬、金针虫、蝼蛄）等。

1. 蚜虫

蚜虫在我国分布广泛，为害马铃薯的蚜虫主要有桃蚜、鼠李马铃薯蚜等。蚜虫对马铃薯为害有2种情况：第一种是直接为害。蚜虫群居在叶子背面和幼嫩的顶部取食，刺伤叶片吸取汁液，同时排泄出一种黏物，堵塞气孔，使叶片皱缩变形，幼嫩部分生长受到妨碍，直接影响产量；第二种是取食过程中，例如桃蚜，把病毒传给健康植株，引起病毒病，造成退化现象，还会使病毒在田间扩散，使更多植株发生退化。另外，有时也为害贮藏期间块茎的幼芽，从而将病毒传给病薯（图15）。

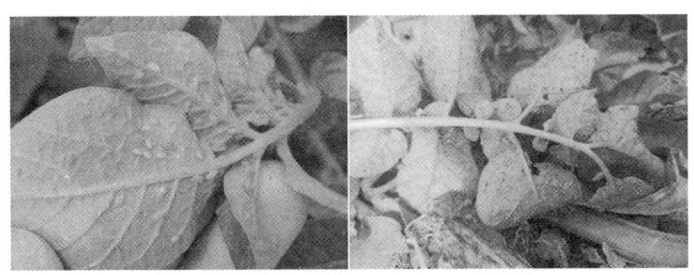

图15　蚜虫

2. 茶黄螨

茶黄螨可为害包括马铃薯在内的多种蔬菜，多集中在幼嫩部分刺吸汁液，使植株畸形，叶片边缘卷曲、皱缩、发僵，嫩叶产生黄褐色斑。茶黄螨很小，肉眼不易观察到，所以这些被害症状往往易被误认为生理性病害或病毒性病害。茶黄螨的发生与温湿度关系密切，温暖潮湿的环境有利其发生，发育最适温度 16~23℃，最适相对湿度 80%~90%。因此，春季保护地栽培马铃薯和秋季马铃薯遇阴雨天气时，发生较重（图 16）。

图 16　茶黄螨为害状

3. 粉虱

成若虫通常聚集在植株叶背，刺吸叶片的汁液，轻则导致叶片发黄，重则造成叶片黄斑、萎蔫等，甚至整株死亡。烟粉虱在取食时还会分泌大量蜜露，污染植株的叶片与营养器官，导致煤污病的发生，该虫还可以传播多种病毒（图 17）。

图 17　粉虱

4. 甜菜夜蛾

初孵幼虫食叶肉，留下表皮，呈透明小孔，3 龄后吃成孔洞或缺刻，严重时呈网状，致使幼苗死亡，造成缺苗断垄，甚至毁种（图 18）。

图 18　甜菜夜蛾及为害状

5. 地下害虫

为害马铃薯的地下害虫主要有地老虎（即土蚕），能将幼苗的茎从地面咬断，造成缺苗断垄；蛴螬为金龟子的幼虫，主要咬根部，也吃嫩块茎，在老块茎上可以咬食成洞；蝼蛄和金针虫（俗称铁条虫）也是咬食根部和块茎，甚至还可以造成伤口感染，引起块茎腐烂（图 19）。

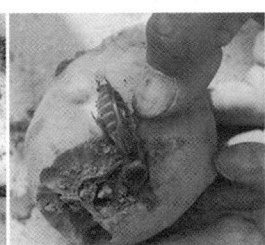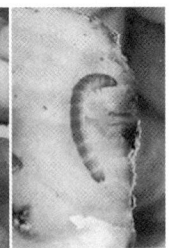

图 19　地下害虫为害状

三、马铃薯虫害的绿色防控技术

1. 植物检疫

种薯调运应遵守植物检疫规定,发现检疫性有害生物要按照《植物检疫条例》等相关规定进行处置。

2. 农业防治

(1)种薯选择。提倡小整薯播种。
(2)健身栽培。播种前精耕细作,及时中耕高培土,清除田间杂草。

3. 理化诱控

(1)色板。在有翅蚜虫发生初期,田间悬挂黄色粘虫板进行诱杀,插挂密度按 5 m × 6 m/块。
(2)杀虫灯。在田间设置频振式杀虫灯诱杀害虫,安装密度为 $5 \sim 6 \ hm^2$ 一盏。
(3)诱捕器。在田间设置害虫诱捕器诱杀害虫,设置密度根据不同类型诱捕器的有效引诱距离设定。
(4)性信息素。根据特定靶标生物,放置对应的性引诱剂进行诱杀,设置密度 3~5 个/亩。
(5)防虫网。种薯生产中,使用 40 目防虫网笼罩,或设在设施栽培通风口处。

4. 生物防治

(1)保护利用天敌。释放和保护利用食蚜蝇、蚜茧蜂、七星瓢虫等天敌,控制蚜虫等传毒害虫。
(2)生物农药。优先选择生物农药进行防控。

5. 科学用药

（1）用药技术。对症选择药剂，大田喷雾时采用低容量喷雾、静电喷雾等精准施药技术，开展专业化统防统治、联防联控。

（2）药剂防控。严格按照农药安全间隔期用药，药剂使用应符合 GB/T 8321 和 NY/T 1276 的规定。选用辛硫磷、二嗪磷、吡虫啉、噻虫嗪等杀虫剂与豆粕拌匀沟施或撒施，防控地老虎、蝼蛄、蛴螬等地下害虫。

选用吡虫啉、溴氰菊酯、噻虫嗪、啶虫脒等药剂进行防治，重点喷施植株叶背面。

（3）防治适期。蚜虫防治适期为低龄若虫期，斑潜蝇为孵化盛末期。夜蛾科害虫最佳防治适期为低龄幼虫期。

第四节　马铃薯草害的绿色防控

一、马铃薯草害的绿色防控策略

根据马铃薯主要草害种类和发生特点，充分发挥农业措施和物理防控的控草作用，科学选药、精准用药。

二、马铃薯田主要杂草

马铃薯田主要杂草有马唐、狗尾草、藜、反枝苋、马齿苋、刺儿菜、田旋花、苘麻等。

1. 马唐

禾本科马唐属一年生草本植物。秆膝曲上升，高可达 80 cm，无毛或节生柔毛。叶鞘短于节间，叶片线状披针形，基部圆形，边缘较厚，微粗糙，总状花序；穗轴直伸或开展，两侧具宽翼，边缘粗糙；小穗椭圆状披针形，第一颖小，短三角形，无脉；第二颖披针形，第一外稃等长于小穗，中脉平滑，两侧的脉间距离较宽，第二外稃近革质，灰绿色，顶端渐尖，等长于第一外稃。6—9月开花结果（图20）。

2. 狗尾草

禾本科狗尾草属一年生草本植物。根为须状，高大植株具支持根。秆直立或基部膝曲。叶鞘松弛，无毛或疏具柔毛或疣毛；叶舌极短；叶片扁平，长三角状狭披针形或线状披针形。圆锥花序紧密呈圆柱状或基部稍疏离；小穗2~5个簇生于主轴上或更多的小穗着生在短小枝上，椭圆形，先端钝；第二颖几与小穗等长，椭圆形；第一外稃与小穗第长，先端钝，其内稃短小狭窄；第二外稃椭圆形，顶端钝，具细点状皱纹，边缘内卷，狭窄；鳞被楔形，顶端微凹；花柱基分离；叶上下表皮脉间均为微波纹或无波纹的、壁较薄的长细胞。颖果灰白色。花果期5—10月（图21）。

图20　马唐　　　　　　图21　狗尾草

3. 藜

藜科藜属一年生草本植物，高0.4~2 m。茎直立，粗壮，有楼和绿色或紫红色的条纹，多分枝；枝上升或开展。叶有长叶柄；叶片菱状卵形至披针形，长 3~6 cm，宽 2.5~5 cm，先端急尖或微钝基部宽楔形，边缘常有不整齐的锯齿，下面生粉粒，灰绿色。花两性，数个集成团伞花簇，多数花簇排成腋生或顶生的圆锥状花序；花被片 5，宽卵形或椭圆形，具纵隆脊和膜质的边缘，先端钝或微凹；雄蕊 5；柱头 2。胞果完全包于花被内或顶端稍露，果皮薄，和种子紧贴。花期 8—9 月，果期 9—10 月（图 22）。

4. 反枝苋

苋科苋属一年生草本植物，高可达 1 m 多；茎粗壮直立，淡绿色，叶片菱状卵形或椭圆状卵形，顶端锐尖或尖凹，基部楔形，两面及边缘有柔毛，下面毛较密；叶柄淡绿色，有柔毛。圆锥花序顶生及腋生，直立，顶生花穗较侧生者长；苞片及小苞片钻形，白色，花被片矩圆形或矩圆状倒卵形，白色，胞果扁卵形，薄膜质，淡绿色，种子近球形，边缘钝。7—8 月开花，8—9 月结果（图 23）。

图 22　藜

图 23　反枝苋

5. 马齿苋

马齿苋科马齿苋属一年生草本，全株无毛。茎平卧，伏地铺散，枝淡绿色或带暗红色。叶互生，叶片扁平，肥厚，似马齿状，上面暗绿色，下面淡绿色或带暗红色；叶柄粗短。花无梗，午时盛开；苞片叶状；萼片绿色，盔形；花瓣黄色，倒卵形；雄蕊花药黄色；子房无毛。蒴果卵球形；种子细小，偏斜球形，黑褐色，有光泽。花期5—8月，果期6—9月（图24）。

6. 刺儿菜

刺儿菜别名小蓟草，属菊科多年生草本植物。地下部分常大于地上部分，有长根茎。茎直立，幼茎被白色蛛丝状毛，有棱，高30~80（100~120）cm，基部直径3~5 mm。有时可达1 cm，上部有分枝，花序分枝无毛或有薄茸毛。叶互生，基生叶花时凋落，下部和中部叶椭圆形或椭圆状披针形，长7~10 cm，宽1.5~2.2 cm，表面绿色，背面淡绿色，两面有疏密不等的白色蛛丝状毛，顶端短尖或钝，基部窄狭或钝圆，近全缘或有疏锯齿，无叶柄（图25）。

图24 马齿苋

图25 刺儿菜

7. 田旋花

多年生草本，近无毛。根状茎横走。茎平卧或缠绕，有棱。叶柄长 1~2 cm；叶片戟形或箭形，长 2.5~6 cm，宽 1~3.5 cm，全缘或 3 裂，先端近圆或微尖，有小突尖头；中裂片卵状椭圆形、狭三角形、披针状椭圆形或线形；侧裂片开展或呈耳形。蒴果球形或圆锥状；种子椭圆形。花期 5—8 月，果期 7—9 月（图 26）。

8. 苘麻

一年生亚灌木草本，茎枝被柔毛。叶圆心形，边缘具细圆锯齿，两面均密被星状柔毛；叶柄被星状细柔毛；托叶早落。花单生于叶腋，花梗被柔毛；花萼杯状，裂片卵形；花黄色，花瓣倒卵形。蒴果半球形，种子肾形，褐色，被星状柔毛。花期 7—8 月（图 27）。

图 26　田旋花　　　　图 27　苘麻

三、马铃薯草害的绿色防控技术

1. 农业防控

（1）合理轮作。采取小麦—马铃薯、马铃薯—玉米、马铃薯—豆类等非茄科作物进行轮作倒茬。

（2）深耕翻土。土壤深耕 25 cm 以上，人工清除多年生杂草的繁殖根茎叶等并销毁。

（3）科学施肥。施用腐熟有机肥，适时施肥。

（4）人工除草。马铃薯出苗后 20~30 d 进行 1 次人工除草。

2. 地膜覆盖

选用黑膜、白膜或黑白配色地膜覆盖除草，膜边缘用土盖实，马铃薯出苗时及时破膜，也可采取膜上覆土。

3. 科学用药

（1）马铃薯播后苗前，杂草出苗前。根据上一年杂草种类选择相应的土壤处理剂兑水 60 L 进行土壤均匀喷雾处理，对于阔叶草类、禾草类和莎草类杂草混合发生田块，优先选择复配制剂进行防控，其次选择不同靶标制剂混用或搭配使用进行防控。

（2）马铃薯出苗后，杂草 2~4 叶期。根据田间草害种类选择相应的茎叶处理除草剂兑水 50 L 进行茎叶喷雾处理，对于阔叶草类、禾草类和莎草类杂草混合发生田块，优先选择复配制剂进行防控，其次选择不同靶标制剂混用或搭配使用进行防控。

第五节　马铃薯病虫害绿色防控技术应用

一、马铃薯晚疫病绿色防控集成技术

【发生症状】马铃薯晚疫病可为害叶片、叶柄、茎和块茎。在叶片上，从叶尖或叶缘开始产生水渍状褪绿斑点，空气湿度大时，病斑迅速扩大，甚至扩展到整个叶片，并可沿叶脉侵入叶柄及茎部，形成褐色条斑。病斑与健部无明显界限，在暗褐色病斑边缘长出一圈白色霉层，叶片背面更为明显。发病严重时，使叶片萎蔫下垂，全株变黑呈湿腐状。天气干旱时，病斑干枯呈褐色，叶片背面无白色霉层，病叶脆易破裂，病害扩展缓慢。茎部受害后形成长短不等的褐色条斑，在潮湿条件下，茎部条斑上也能长出白色霉层。薯块受害时，形成淡褐色不规则形的小斑点，稍凹陷，病斑下面的薯肉变褐坏死，最后病薯腐烂。晚疫病还可使马铃薯在存贮期间大批腐烂。

【发生规律】主要以菌丝体潜伏在病薯内越冬，成为翌年病害的初侵染来源。种薯带病，重者不能发芽，或发芽未出土即死亡；轻者发芽出土，发展成为田间的中心病株。借气流、雨水传播进行再侵染。病害的发生与流行，与气候条件和马铃薯的生育阶段都有密切的关系。天气潮湿、阴雨连绵，早晚多雾多露，有利发病和蔓延。

【技术原理】突出预防，体现绿色，以种植抗病品种、脱毒种薯为基础，以预警预报和药剂保护为重点，配合健身栽培和配方施肥等绿色防控集成技术，将马铃薯晚疫病为害损失率控制在较低水平。

【适用范围】全国马铃薯种植区。

【技术内容】

（1）农业防治。选用抗耐病品种。在不同生态类型区域种植不同类型的抗病品种，做好品种的合理布局。

①选用抗耐病品种和脱毒种薯。在不同生态区域选择性种植不同类型的抗病优良品种，做到品种的合理布局，重点选用晚熟、高抗品种。选用脱毒种薯，确保无毒种薯种植。在种薯带菌率较高的情况下，尽可能选择健康整薯播种。

②适期播种。因地制宜，适期播种，尽可能避开马铃薯生长

后期晚疫病发病高峰期,以降低晚疫病感病概率。

③高垄宽距栽培。马铃薯高垄宽距栽培是一种垄沟基底施肥、垄腰点种、种肥分层、深翻浅种的栽培技术,较传统种植马铃薯的方法更利于马铃薯的生长,有效保证了马铃薯生长所需的阳光、水分、通风和肥料,提高马铃薯种植效率和质量,提高马铃薯单位面积产量,减少马铃薯病虫发生率,是重要的马铃薯栽培技术。

④合理密植。按不同区域安排种植密度。一般干旱区种植密度可控制在 2 000~2 200 株/亩,半干旱区种植密度可控制在 3 500 株/亩以内;二阴区及阴湿区种植密度可控制在 4 500 株/亩左右。在晚疫病重发区,应适当降低种植密度。

⑤配方施肥。应多施有机肥,增施磷、钾肥,控制氮肥(尿素、硫酸铵、碳酸铵等),一般每形成 1 000 kg 产量需氮、磷、钾分别为 5.5 kg、2.2 kg、10.2 kg,应按田间土壤养分含量实测值,参照上述比例进行配方施肥。施钾肥以磷酸二氢钾、硫酸钾为主,不宜施氯化钾。适当施用稀土微肥,增强抗病性。

(2)物理防治。种薯入库贮存前汰选。种薯入库前晾晒 1~2 d,播前将出库后种薯晾晒 2~3 d。同时淘汰病、烂薯和小老薯、畸形薯。淘汰的病、烂薯集中深埋等处理。

(3)预警预报。应用马铃薯晚疫病预警系统,利用小型气象站,以小时为单位收集相对湿度、温度、降水量等气象数据,至马铃薯收获为止。通过气象数据,计算出晚疫病发生概率,发布准确的预警情报,及时开始大田防治。

(4)生物防治。优先选用多抗霉素、氨基寡糖素等对马铃薯晚疫病有一定防效的生物制剂进行防治。

(5)科学用药。

①消毒处理。夏季对土壤进行翻耕,高温闷杀消毒。切种薯时用 0.1% 的高锰酸钾溶液或 75% 的酒精进行切刀消毒。

②喷施生长调节剂。在马铃薯生长中期，为提高产量或抑制徒长，可适当喷施多效唑或膨大素。在初花期当株高30~40 cm时，用15%的多效唑可湿性粉剂50~70 g/亩，兑水50 kg，或用20%膨大素70~100 g/亩，兑水50 kg，均匀喷雾。做到不重喷、不漏喷。

③药剂防治。根据预测预报，准确确定防治最佳时期、药剂种类的合理选择、喷药次数的保证和药剂的交替使用以及施药质量的相结合，喷药时机要掌握在病害发生和流行之前。要做到早防早治、统防统治相结合，注重轮换用药，提倡加入助剂提高药效。

发病初期开始喷洒72.2%霜霉威水剂、72%霜脲·锰锌可湿性粉剂、69%烯酰·锰锌可湿性粉剂。

田间发病后：选用60%锰锌·氟吗啉可湿性粉剂、50%氟啶胺悬浮剂、687.5 g/L氟菌·霜霉威悬浮剂，隔7~10 d使用1次，结合预报进行连续施药。

二、马铃薯黄萎病绿色防控技术

【发生症状】马铃薯黄萎病又称"马铃薯早死病"，黄萎病症状与正常衰老区别较小，发病初期就影响植株生长。叶片不均匀失绿，植株下部叶片萎蔫，脉间变黄，尔后变褐。症状通常先在叶尖出现。叶片变黄死亡。死亡叶片沿茎上升，茎保持直立。有时只有半边叶片或半边植株上的叶片萎蔫、变黄。发病株茎基部横切面维管束变褐。

【发生规律】马铃薯黄萎病属于典型的土传维管束病害，其病原菌主要通过病种薯、病种薯包装物及病土进行远距离传播，或借助雨水和灌溉水近距离传播。黄萎病病菌以休眠菌丝和拟菌核在土壤中、病残体及薯块上越冬，翌年条件适宜时通过根毛、伤口、枝条和叶片进行侵染。侵入后菌丝在细胞内和细胞间向木质部扩展，病菌进入导管后大量繁殖，并随液流迅速向上向下扩展至全株，导致植株萎蔫。

【技术原理】通过合理轮作、选用抗病品种、加强田间管理、生物防治和科学用药等绿色防控技术，避免传统防治方法的弊端，减轻病害发生，减少化学农药和化肥的施用，改善土壤微生态环境，达到绿色环保、生态安全的目的。

【技术内容】

（1）农业防治。

①品种选择。选用优质抗黄萎病的马铃薯品种，从无病区引种，选种时剔除带病种薯，选择脱毒种薯栽培。

②轮作换茬。选择前茬作物为禾本科、十字花科和豆科作物等轮作3年以上，禁止与向日葵和茄科作物轮作。

③清洁田园。及时拔除病株，并在病株穴内撒施石灰，收获后清除病残体，减少侵染源。

④平衡施肥。增施有机肥、生物菌肥，氮磷钾合理配比，适当追施微肥，以改良土壤，拟制土壤中的病菌滋生和繁殖。

⑤田间管理。深翻土壤30 cm以上，深沟高畦栽培，小水勤浇，依据马铃薯生长期需水规律均匀浇水，避免大水漫灌，防止地块积水。合理密植，改善作物通风透光条件，降低地面湿度。农事操作应注意减少伤根，结合消灭线虫和地下害虫。

（2）生物防治。在常规拌种的基础上，利用15亿芽孢/g枯草芽孢杆菌可湿性粉剂，按照种子用量的2.5%进行拌种处理；出苗后随滴灌施用30亿芽孢/g枯草芽孢杆菌可湿性粉剂1 kg/亩。

（3）科学用药。

①土壤消毒。施用威百亩或苯菌灵进行土壤熏蒸，消灭土壤中的病菌，可降低黄萎病的发生。

②薯块包衣。播前可选用咯菌腈、嘧菌酯、多菌灵、甲基硫

菌灵等与滑石粉充分混匀后对种薯进行拌种，拌种后放置阴凉处4~5 d后播种。

③药剂防治。发病初期的时候，可用甲基硫菌灵、百菌清、甲霜灵等药剂兑水后每株浇灌，每隔10 d浇灌1次，共浇灌1~2次。

三、马铃薯螨虫绿色防控技术

【发生症状】为害马铃薯的螨虫主要为茶黄螨，茶黄螨的个体很小，肉眼难以观察到，常被误认为是生理性病害或病毒病。茶黄螨主要为害马铃薯的嫩茎叶，特别是中原二季作区发生较严重，发生严重时马铃薯叶片呈油褐色枯死，造成严重减产。成螨和幼螨集中在幼嫩的茎和叶片的背面刺吸液汁，使叶片畸形。受害叶片背面呈黄褐色，有油质状光泽，叶片向叶背面卷曲。嫩叶受害后叶片变小变窄，呈暗绿色，嫩茎变成黄褐色，扭曲畸形。

【发生规律】茶黄螨主要发生在温暖地区，以温室、大棚内蔬菜受害严重。以两性生殖为主，也可孤雌生殖，1年中可发生多代，在30℃左右条件下4~5 d可完成1代，20℃左右则7~10 d1代。在温室栽培条件下终年都可发生为害。雌螨卵散产于嫩叶背面，经2~3 d孵化。茶黄螨喜温好湿，卵和幼螨对湿度要求高，最适宜的生长发育温度是16~30℃，相对湿度80%~90%，只有在相对湿度80%以上才能发育，在适温、高湿、日照弱的天气条件下，其种群增长快，为害重。在保护地内一般5月下旬至6月上旬开始发生，6月下旬至9月中旬是发生盛期，7—9月为害最重。茶黄螨成螨活泼，具明显的趋嫩性，其为害部位主要为植株顶部嫩叶背面，当嫩叶变老时，雄螨携带若螨向幼嫩部位迁移，因此又被称为嫩叶螨。它也喜在嫩茎、花及幼果上取食。远距离可通过风力扩散，近距离传播靠人为携带及螨体爬行。

【技术内容】

(1) 农业防治。

①清洁田园。及时铲除田间地边杂草，作物收获后及时清除枯枝落叶，集中烧毁，平整土地，破坏越冬场所消灭越冬虫源。

②培育清洁苗。注意清除保护地内外的杂草、残株，狠抓温室及其他保护地内的防治，以减少迁入露地的螨源。

(2) 生物防治。目前防治茶黄螨可利用的天敌有尼氏钝绥螨、德氏钝绥螨、具瘤长须螨及小花蝽等。

(3) 化学防治。应抓住早期防治，当田间卷叶株率达到 0.5%~1%，平均每叶有虫或卵达 2~3 头（粒）时应及时喷药防治。喷药的重点是植株的上部幼嫩部分，尤其是顶端几片嫩叶的背面。常用药剂可选用 73% 炔螨特乳油 1 000~1 200 倍液、35% 哒螨灵 1 000 倍液、20% 哒嗪硫磷 1 000 倍液、5% 噻螨酮乳油 2 000 倍液等，均有较好的防治效果。以上药剂可轮流交替使用，7~10 d 喷药 1 次，连喷 2~3 次。采收前 10 d 停止喷药。

四、滕州春季马铃薯生产技术规程

1. 范围

本文件规定了滕州春季马铃薯的生产技术，包括产地环境、播前准备、种薯处理、播种、田间管理、病虫害防治及收获。

本文件适用于滕州及相似生态环境下春季马铃薯的生产。

2. 规范性引用文件

下列文件中的内容通过文中规范性引用而构成本文件必不可少条款，其中，注日期的引用文件，仅该日期对应的版本适用于本文件。不注日期的引用文件，其最新版本（包括所有的修改单）适用于本文件。

GB/T 8321　农药合理使用准则

GB 18133　马铃薯种薯

NY/T 391　绿色食品　产地环境质量

NY/T 393　绿色食品　农药使用准则

NY/T 394　绿色食品　肥料使用准则

NY/T 496　肥料合理使用准则　通则

NY/T 1276　农药安全使用规范　总则

3. 术语和定义

（1）滕州春季马铃薯。在滕州市境内种植的春季马铃薯，薯块长椭圆形，芽眼浅，表皮光滑，黄皮黄肉，口感清脆，维生素 C 和钙、钾含量高，适宜鲜食菜用。

（2）拱棚。采用塑料薄膜覆盖的拱圆形棚，拱高 1.8~2.6 m，骨架采用钢管或复合材料建造而成。

4. 产地环境

选择地势平坦、排灌方便、耕作层深厚、土质疏松的砂壤土或壤土，土壤理化性状良好。环境条件应符合 NY/T 391 的规定。

5. 播前准备

（1）清洁田园。清除上茬作物残留枝叶，带出田外集中处理，降低病（虫）源基数。

（2）冬前深翻。11 月中下旬，深翻土壤 30~35 cm，维持土壤结构。

（3）播前基肥。采用全营养分餐式施肥方法，根据马铃薯的需肥规律，采用平衡施肥方法，按照目标产量，依据土壤肥力现状，计算肥料的施用量。

播前，每亩施用 80 kg 有机菌肥（活菌数≥0.2 亿/g）、三元复合肥（15-10-20）75 kg、钙镁肥 30 kg、硼锌肥 1 kg，全田撒施，旋耕。

生产中严禁使用城市垃圾、污泥、工业废渣和未经无害化处理的有机肥。肥料应符合 NY/T 394、NY/T 496 的要求。

（4）播前整地。肥料撒施后立即整平地块，要求耙细、耙匀，土壤上松下实、没有坷垃。

（5）搭建拱棚。棚体周围没有遮阴物，背风向阳，一般为南北走向，东西排列。二膜和三膜覆盖栽培，应在播种前 10 d 建棚扣膜，提升地温。

6. 种薯处理

（1）选种。选用早熟抗病、优质丰产、适合滕州市种植的种薯。种薯质量应符合 GB 18133 的要求，植物检疫合格。

（2）晒种。播种前 30~40 d 精选种薯，剔除病、虫、烂、伤、劣薯。切块前 3~5 d 晾晒种薯。

（3）切块。播种前 25 d 左右进行切块。切块大小保持基本一致，确保每块最少有一芽眼。准备多把切刀，每切 1 个种薯后用 75%酒精或 0.5%高锰酸钾溶液浸泡消毒 10 s 以上。

（4）拌种。可用咯菌腈+春雷霉素或代森锌+中生菌素等药剂进行拌种。

（5）催芽。未度过休眠期的种薯，切块前放入 3~5 mg/kg 浓度的赤霉酸溶液中浸泡 5 min 左右，捞出后切块。度过休眠期的种薯，切块拌种后催芽。当芽长到 1.5~2.0 cm 时，将其放在散射光下进行晾芽。

①阳畦催芽。种薯切块放入阳畦内，分层铺放，松散放置。每层薯块覆盖一层砂土，砂土厚度 1.5~2.0 cm，最后一层覆土 2~3 cm。薯块堆放 2~3 层为宜，上面盖草苫保墒，芽床温度 15~20℃。

②室内催芽。种薯切块装入浅筐中，放置在环境湿度85%、温度18~22℃的室内，使用潮湿的布料盖住，进行催芽。

7. 播种

（1）栽培方式。地膜覆盖栽培：紧贴垄面覆盖地膜。二膜覆盖栽培：在地膜栽培的基础上，搭建拱棚，覆盖农膜。三膜覆盖栽培：在二膜覆盖栽培的拱棚内再扣小拱棚。

（2）播种时期。三膜覆盖栽培，1月中旬至2月上旬播种。二膜覆盖栽培，2月上中旬播种。

地膜覆盖栽培，2月下旬至3月上旬播种。

（3）播种密度。大垄双行栽培：小行距20 cm，大行距80~85 cm，株距25~30 cm，垄背宽55~65 cm，垄高25~30 cm。

单行起垄栽培：行距65~70 cm，株距20~25 cm，垄背宽40~45cm，垄高25~30 cm。

（4）播种方法。人工播种：基肥撒施后田园机开沟种植，沟深5~8 cm，摆种，田园机覆土起垄，垄顶距离薯块12~14 cm。机械播种：芽控制在0.5 cm左右。

（5）铺带覆膜。人工播种：覆土后，用覆膜机在整平的垄面上铺设滴灌带和地膜，膜下铺设。覆膜应符合"严、紧、平、宽"的要求，薄膜边缘埋入土里5 cm左右，并用土埋住压严。机械播种：随播种一次性完成。

（6）膜上覆土。膜上不覆土：马铃薯芽顶出垄面时要人工及时抠苗。膜上覆土：覆盖地膜后在马铃薯顶芽距离地表2 cm之前均可覆土，在地膜上面均匀地覆盖一层2~4 cm的细土。

8. 田间管理

（1）灌溉管理。足墒播种，墒情不足时，可提前造墒。马铃薯全生育期要保持80%左右的土壤含水量，其中苗期70 %~

80%，块茎形成至块茎膨大期80%~85%，收获前65%~75%。

（2）温度管理。

①二膜覆盖栽培。白天棚内温度控制在10~25℃，出苗前高于25℃通风，出苗后高于20℃通风。夜间棚内温度控制在8~12℃。外界最低气温低于5℃，全部盖严；高于5℃，留通风口。通风口的大小视棚内温度决定，当外界最低气温稳定在8℃，可撤掉棚膜。

②三膜覆盖栽培。播种后出苗前，外膜不用通风，内二膜白天揭开，夜间外界最低气温高于0℃，不用覆盖。出苗后，内二膜白天揭开，夜间最低气温高于0℃，不用覆盖，外膜的通风管理，同二膜覆盖栽培。

（3）追肥管理。

①冲施追肥。马铃薯全生育期共追肥4次。马铃薯齐苗时，冲施微生物菌剂（有效活菌数≥2亿/g）2 kg/亩，团棵期追施全水溶肥（20-20-20+TE）3 kg/亩，薯块膨大期冲施2次，每次冲全水溶肥（12-6-42+TE）3 kg/亩。马铃薯收获前15 d停止追肥。

②根外追肥。马铃薯现蕾期后，叶面喷施0.3%磷酸二氢钾溶液2~3次。

9. 病虫害防治

（1）农业防治。选用脱毒种薯，适当轮作。

（2）物理防治。利用黄板诱杀蚜虫、粉虱。在地老虎、蝼蛄成虫发生期，使用黑光灯、频振式杀虫灯配合糖醋液诱杀。

（3）生物防治。利用瓢虫等自然天敌控制蚜虫。选用植物源、微生物源或矿物源药剂防治病虫害，采用性诱剂、食诱剂诱杀成虫。

（4）化学防治。

①用药原则。严格按照农药安全间隔期用药,药剂使用应符合 GB/T 8321 和 NY/T 1276 的规定。

②地下害虫。选用辛硫磷、二嗪磷、吡虫啉、噻虫嗪等杀虫剂与豆粕拌匀沟施或撒施,防控地老虎、蝼蛄、蛴螬等地下害虫。

③晚疫病。选用代森锰锌、氟啶胺、烯酰吗啉、霜脲·锰锌、氟吡菌胺·霜霉威等杀菌剂进行防治。

④蚜虫、粉虱。选用吡虫啉、溴氰菊酯、噻虫嗪、啶虫脒等药剂进行防治,重点喷施植株叶背面。

10. 收获

(1) 收获时间。三膜覆盖种植 4 月中下旬收获,二膜覆盖种植 5 月上中旬收获,地膜覆盖种植 5 月下旬至 6 月中上旬收获。

(2) 收获方法。避开雨天,防止暴晒。收获时应轻拿轻放,防止物理损伤及污染。收获后置通风阴凉处及时售卖。

第六节　农作物种植禁限用农药

《中华人民共和国农药管理条例》规定,农药生产应取得农药登记证和生产许可证,农药经营应取得经营许可证,农药使用应按照标签规定的使用范围、安全间隔期用药,不得超范围用药。剧毒、高毒农药不得用于防治卫生害虫,不得用于蔬菜、瓜果、茶叶、菌类、中草药材的生产,不得用于水生植物的病虫害防治。

一、禁止(停止)使用的农药(52 种)

六六六、滴滴涕、毒杀芬、二溴氯丙烷、杀虫脒、二溴乙烷、除草醚、艾氏剂、狄氏剂、汞制剂、砷类、铅类、敌枯双、氟乙酰胺甘氟、甘氟、毒鼠强、氟乙酸钠、毒鼠硅、甲胺磷、对硫磷、甲基对硫磷、久效磷、磷胺、苯线磷、地虫硫磷、甲基硫环磷、磷化钙、磷化镁、磷化锌、硫线磷、蝇毒磷、治螟磷、特丁硫磷、氯磺隆、胺苯磺隆、甲磺隆、福美胂、福美甲胂、三氯杀螨醇、林丹、硫丹、溴甲烷、氟虫胺、杀扑磷、百草枯、灭蚁灵、氯丹、2,4-滴丁酯、甲拌磷、甲基异柳磷、水胺硫磷、灭线磷。

二、在部分范围禁止使用的农药（20种）

通用名	禁止使用范围
克百威、氧乐果、灭多威、涕灭威	禁止在蔬菜、瓜果、茶叶、菌类、中草药材上使用，禁止用于防治卫生害虫，禁止用于水生植物的病虫害防治
克百威	禁止在甘蔗作物上使用
内吸磷、硫环磷、氯唑磷	禁止在蔬菜、瓜果、茶叶、中草药材上使用
乙酰甲胺磷、丁硫克百威、乐果	禁止在蔬菜、瓜果、茶叶、菌类和中草药材上使用
毒死蜱、三唑磷	禁止在蔬菜上使用
丁酰肼（比久）	禁止在花生上使用
氰戊菊酯	禁止在茶叶上使用
氟虫腈	禁止在所有农作物上使用（玉米等部分旱田种子包衣除外）
氟苯虫酰胺	禁止在水稻上使用

注：氧乐果、克百威、灭多威、涕灭威自2023年12月1日起，撤销制剂产品登记，禁止生产，已经合法生产的可在质量保证期内销售和使用，自2026年6月1日起禁止销售和使用，仅保留原药生产企业的原药生产出口，实施封闭运行监管。

主要参考文献

丁晓蕾, 2005. 马铃薯在中国传播的技术及社会经济分析[J]. 中国农史 (3): 14-22.

丁晓蕾, 王思明, 2013. 美洲原产蔬菜作物在中国的传播及其本土化发展[J]. 中国农史, 32(5): 26-36.

郭燕枝, 王秀丽, 2015. 马铃薯在世界的传播及中国消费现状原因探析[J]. 农业经济 (10): 123-124.

韩娜, 2018. 9 种杀菌剂对马铃薯黄萎病的毒力测定[J]. 赤峰学院学报(自然科学版), 34(11): 43-44.

韩亚琦, 王玉玲, 2019. 马铃薯病虫草害防治技术[M]. 武汉: 武汉理工大学出版社.

姬青云, 2006. 马铃薯科学种植技术[M]. 北京: 中国社会出版社.

刘普明, 2016. 马铃薯黄萎病田间药剂防治试验报告[J]. 农业与技术, 36(13): 87-88.

农业农村部农产品质量安全中心, 2021. 马铃薯全程标准化概论[M]. 北京: 中国农业出版社.

唐子永, 郭艳梅, 2014. 马铃薯高产栽培技术[M]. 北京: 中国农业科学技术出版社.

武建华, 吕文霞, 刘广晶, 等, 2019. 枯草芽孢杆菌对马铃薯黑痣病和黄萎病的防效及对土壤酶活性的影响[J]. 中国马铃薯, 33(2): 101-109.

杨普云, 赵中华, 2012. 农作物病虫害绿色防控技术指南[M]. 北京: 中国农业出版社.

杨普云, 赵中华, 梁俊敏, 2014. 农作物病虫害绿色防控技术模式[M]. 北京: 中国农业出版社

翟乾祥, 2004. 16—19 世纪马铃薯在中国的传播[J]. 中国科技史料, 25(1): 49-53.

张斌, 2017. 彩图版马铃薯栽培及病虫害绿色防控[M]. 北京:

中国农业出版社.

张武, 吕和平, 2022. 马铃薯脱毒种薯繁育与质量控制技术[M]. 北京: 中国农业出版社.

张玉聚, 武予清, 崔金杰, 等, 2008. 中国农业病虫草害原色图解[M]. 北京: 中国农业科学技术出版社.

赵国磐, 佟屏亚, 1988. 马铃薯的起源与传播[J]. 种子世界(9): 9-10.